生活妙招

天天用

程乐卿 ⊙ 主编

U0209291

青岛出版社
QINGDAO PUBLISHING HOUSE

图书在版编目（CIP）数据

生活妙招天天用 / 程乐卿主编 . — 青岛 : 青岛出版社 , 2018.1
ISBN 978-7-5552-6684-6

Ⅰ . ①生… Ⅱ . ①程… Ⅲ . ①生活 – 知识 Ⅳ . ① TS976.3

中国版本图书馆 CIP 数据核字（2018）第 010584 号

书　　　　名	**生活妙招天天用**	
主　　　　编	程乐卿	
出 版 发 行	青岛出版社	
社　　　　址	青岛市海尔路 182 号（266061）	
本 社 网 址	http://www.qdpub.com	
邮 购 电 话	0532–68068026	
责 任 编 辑	曹永毅　　江伟霞　　E-mail : wxjiang1206@163.com	
封 面 设 计	刘　晶	
照　　　　排	青岛双星华信印刷有限公司	
印　　　　刷	青岛国彩印刷有限公司	
出 版 日 期	2018 年 2 月第 1 版　　2018 年 2 月第 1 次印刷	
开　　　　本	32 开（787 mm × 1092 mm）	
印　　　　张	10	
字　　　　数	150 千	
印　　　　数	1–6000	
书　　　　号	ISBN 978-7-5552-6684-6	
定　　　　价	29.80 元	

编校印装质量、盗版监督服务电话 4006532017　0532-68068638

建议陈列类别：居家·保健

序

先生智远自幼习医，矢志笃学，尤爱中医，热衷药理，年逾九十，乐此不疲；每发现治病良方、养生之道、健康诀窍便如获至宝，悉心摘录，以传后世。

先生为人宽厚包容，坦荡如砥，虽一生坎坷，艰苦备尝，然能随遇而安，坦然处之，从不怨天尤人，实乃长寿之道也。

所选偏方验方，药材可寻，疗法简单，省时省钱，使用得当，便可消除烦恼，祛病健身。所选健康居家小常识、养生之道，资料翔实，简单实用，实为家庭所必需。

现将此书公之于世，福泽世人，传之后世，以慰先生，幸甚至哉，是以为序。

程乐卿

于建飞书斋

目 录

第二章　运动养生

第三章 保健须知

第四章　疾病防治

第五章　用品须知

第六章　居家休闲

第七章　居家清洁

第一章

健康饮食

比糖还毁牙的食物

吃太多糖就会满口蛀牙的说法从孩童起就被深深地嵌入我们的脑海之中。其实，导致我们蛀牙的元凶并不只是糖，还有酸。生活中的以下这些食物比糖还毁牙：

苏打饼干　苏打饼干是发酵和高度加工的产品，对牙的危害比糖还大。但很多人并不知道苏打饼干的升糖指数比较高，更容易生龋齿，而且咀嚼时会越来越黏，有不少残留在牙缝中，导致细菌分解的时间更长，牙齿被酸腐蚀的时间也就更长。

水果干　水果干比水果更脆，吃起来很方便。但当水果变干或脱水后，糖分就会很浓缩。这就意味着，水果干也会像糖果一样黏黏地粘在牙齿上，增加酸腐蚀牙齿的风险。

咖啡　咖啡中的鞣酸会让牙齿变得黄渍斑斑，在嘴中停留的时间越长，鞣酸对牙齿的伤害就越大，所以不要每天喝太多咖啡。

苏打饮料　苏打饮料比苏打水更伤牙，它们虽然号称无糖，酸味不足，但是会加入磷酸。磷酸对牙釉质的伤害不可小觑。

专家建议，为了牙齿健康，可以购买酸碱性（pH）测试条，用来检查日常食物，并且尽可能吃接近中性的食物和饮料。

这些食物营养赛人参

人参的滋补功效人所共知，但因价格昂贵，很多老百姓望而却步。在日常生活中，以下这些看似平常的食物，其实营养可与人参媲美：

水中人参——芡实　中医认为，芡实性平，味甘、涩，具有益肾固精、补脾止泻的功效。鲜芡实可以直接吃，干芡实泡水后可以直接嚼服，也可与莲子、山药、白扁豆等食物一起熬粥、煲汤。脾胃虚弱的人拉肚子时，吃些芡实有助于止泻。

河中灵芝——泥鳅　泥鳅是高蛋白、低脂肪、低胆固醇食品，是鱼类里的补钙冠军，同等重量下，泥鳅的钙含量是鲤鱼的6倍、带鱼的10倍。中医认为，泥鳅具有补中益气、祛湿邪的作用，适合高血压、糖尿病、心血管疾病患者食用。采用清蒸或炖煮的方式烹调泥鳅，能够较好地保存其营养。

动物人参——鹌鹑　鹌鹑是典型的高蛋白、低脂肪、低胆固醇食物，适合中老年人、高血压和肥胖者食用。鹌鹑肉富含的维生素、矿物质、卵磷脂及多种人体必需的氨基酸，能保护血管，防止动脉硬化，适合营养不良、体虚乏力、贫血头晕、肾炎水肿的患者食用。鹌鹑肉可用于炖汤、清蒸、做粥等，能补气补血，健脾养胃，养肝清肺，强筋壮骨。

山药三种做法生津止咳养脾胃

山药属于薯类，含有丰富的碳水化合物和膳食纤维、多种维生素，包括胡萝卜素和维生素 B_1、B_2 及钙、磷、钾、钠、镁、铁、锌、铜等多种矿物质。

山药手卷　材料：山药 200 克，蛋 1 个，混合蔬菜丁 300 克，火腿片 6 片，沙拉酱 3 汤匙。

做法：准备完成后先将山药洗净切小块丁状和蔬菜丁一起烫熟后捞出备用。蛋煮熟切小块丁状。最后将所有材料以火腿片卷起，再用牙签插住固定，淋沙拉酱即可食用。

养生甜汤　材料：白木耳 10 克，山药去皮磨成泥状，红枣 20 粒，冰糖适量，水果丁罐头 1 罐。

做法：准备完成后先将红枣、白木耳放入水中泡水膨胀，再将白木耳放入果汁机加 500 毫升水打碎备用，再将白木耳浆、红枣、适量冰糖放置锅中并加入 1 升的水，煮开后加入山药泥边加边搅拌，最后加入水果丁即可食用。

山药豆腐羹　材料：山药、豆腐、鸡蛋、香菇、香菜、盐、味精、鸡精、胡椒粉、淀粉各适量。

做法：山药去皮切小丁并焯水，豆腐切成与山药等大的丁。香菜洗净切末，香菇洗净切丁。锅中加鲜汤，然后放入山药丁、豆腐丁、香菇丁，加盐、味精、鸡精、胡椒粉调味。汤沸腾时用淀粉勾芡至浓稠状，淋入蛋液并撒香菜末即可。

春天的野菜是"降火药"

春季干燥多风，很容易上火。如果是轻微上火，通过饮食调理、生活调理，一般症状都完全可以缓解。

春天的野菜如马兰头、马齿苋、菊花脑等，都有清热降火的功效。建议大家可以在春季吃一些应季的野菜，凉拌、清炒都可以。梨性寒味甘，有润肺止咳、滋阴清热的功效，也可以适当多吃点。值得注意的是，野菜和梨相对性味偏寒，所以脾胃不好的人应该少食，以免损伤脾胃。

另外，多吃新鲜的绿叶蔬菜、水果，如黄瓜、橙子、苦瓜、无花果、豌豆苗、韭菜等，都有良好的清火作用。胡萝卜对补充人体的维生素 B、避免口唇干裂也有很好的疗效。

秋季清燥润肺有美食

秋季饮食应以清燥润肺、养阴生津为主。介绍几款适宜此时节的食疗方：

莲子百合煲　莲子、百合各 30 克，精瘦肉 200 克。把莲子、百合用清水浸泡 30 分钟，精瘦肉洗净，置于凉水锅中烧开后捞出，然后在锅内重新放入清水，将莲子、百合、精瘦肉一同放入锅中，加水煲熟。此款的功效是清燥润肺，止咳消炎。

百合莲子肉炖蛋　百合、莲子肉各 50 克，鸡蛋 2~3 个，冰糖适量。先把鸡蛋煮熟，去壳待用，然后把百合、莲子肉洗净，与鸡蛋一同放入炖盅内，加适量冰糖，隔水炖半小时左右即可。此款的功效是润肺止咳，清心安神，健脾止泻。

柚子鸡　柚子1个，公鸡1只，精盐适量。把公鸡去毛、内脏洗净，柚子去皮留肉，然后把柚子放入鸡腹内，再放入气锅中，上锅蒸熟，出锅时加入精盐调味即可。此款的功效是补肺益气，化痰止咳。

秋季多喝润肺健脾汤

秋季气候干燥，容易引起身体阴虚火旺，常吃山药能补脾益肺。说到山药，我们经常买来作为蔬菜食用，比如山药小炒、油炸山药条或者拔丝山药等，或用来煲汤、煮粥以及做糕点。山药除了因为它富含淀粉质，能充当粮食果腹，口感甘甜，细腻爽滑，更重要的是，它富含皂苷、黏蛋白、氨基酸、多酚氧化酶和多种微量元素等对人体有益的成分，而且能够补脾益肺，具有养生食疗价值。因此我们推荐两款以山药为底料的润肺健脾汤：

五鲜素汤　材料：鲜石斛30克，鲜桔梗15克，鲜淮山150克，鲜花生肉100克，鲜核桃肉100克，生姜适量。制法：将材料洗净，淮山切块，向锅内加入适量清水煮沸，先放入石斛、桔梗、生姜熬汤 20 分钟，再放入其他材料，慢火煮 40 分钟，调味即可。

专家点评：桔梗为药食两用品种，其辛散苦泻，具有宣肺止咳、祛痰利咽的功效。现代药理学研究表明，因其含有粗桔梗皂甙，故具有抗炎作用。石斛益胃生津，滋阴清热；山药补虚健脾；花生健脾养胃；核桃补肾精，强记忆。各物搭配成素汤，口味清淡甘甜，能养阴利咽，补肺脾肾，润而不燥，特别适合于阴虚火旺的人，一般人也可食用。

牛蒡淮山玉竹煲排骨　材料：鲜牛蒡根 100 克，鲜淮山 150 克，玉竹 25 克，排骨 250 克。制法：材料洗净，排骨斩件焯水，向锅内加入适量清水煮沸，纳入上述材料，慢火煮 1 小时，调味即可。

专家点评：牛蒡根辛、凉，清热解毒，疏风利咽，消肿。山药味甘性平，具有补脾、养肺、固肾、益精等功效；玉竹味甘性平，具有清热润燥、养阴生津的功效。此款汤膳特别适合阴虚火旺、咽喉不适等人群，一般人亦可食用。

禁忌：以上食疗脾肾阳虚的人不宜食用。

秋季养生争"蜂"吃"醋"

秋季养生要坚持少辛多酸，多吃醋是必不可少的，蜂蜜又是秋季养生、美容的佳品，所以秋季养生要懂得争"蜂"吃"醋"。

蜂蜜润燥　我国古代医学家提倡"朝朝盐水，晚晚蜜汤"，食用蜂蜜最好是在秋季开始。这时人体常会出现咽干口渴、喉咙疼痛、声音嘶哑、干咳无痰、皮肤干裂、便秘等邪伤津液之症，蜂蜜润肺止咳，润肤美容，此时是食用蜂蜜保健养生的最佳时期。蜂蜜还含有保持人体健康、改善免疫功能、防治心血管疾病所必需的各种维生素。

吃醋促脂肪转化　醋又被称为苦酒，自古以来就是一味重要的中药，其保健养生的功用也早已为人们所熟知。研究发现，人只要每天喝 20 毫升食醋，胆固醇就会下降，中性脂肪就会减少，血液黏稠度也会有所下降。

秋干物燥宜常把南瓜吃

秋天是食南瓜的好季节。秋天气候干燥，一些人会出现不同程度的嘴唇干裂、鼻腔流血及皮肤干燥等症状，此时，在饮食中增加含有丰富维生素 A、E 的食品，如南瓜等，可增强机体免疫力，对改善秋燥症状大有裨益。具体而言，南瓜有以下食疗功效：

维护机体生理功能　南瓜中含有较丰富的维生素，其中胡萝卜素、维生素 C、维生素 B_2 含量较高。此外，南瓜还含有一定量的铁和磷，这些物质对维护机体生理功能有重要作用。

补血美容　南瓜中含有一种"钴"成分，食用后有补血作用。常吃南瓜，可使肌肤丰美，尤其对女性有美容作用。

预防中风　南瓜里含有大量的亚麻仁油酸、软脂酸、硬脂酸等甘油酸，它们为良质油脂，可以预防中风。

消痰止咳　中医认为，南瓜味甘，性温，具有补中益气、消痰止咳的功效，可治气虚乏力、肋间神经痛、疟疾、痢疾等症。

秋季多喝粥暖身又养胃

秋季养生要喝粥，因为粥是最容易吸收的。以下推荐两款养胃粥：

南瓜胡萝卜小米粥　材料：小米、南瓜、胡萝卜各适量。做法：将南瓜去皮切小块，胡萝卜洗净切小块。小米洗净，放入锅中加水煮沸后转小火。将南瓜块和胡萝卜块放入锅中和小米一起小火熬煮即可。功效：南瓜含有丰富的胡萝卜素和维生素 C，小米含有丰富的膳食纤维和维生素 E，所以这道健脾养胃粥的营养成分非常全面。

红薯粳米粥　材料：红薯两块，粳米适量。做法：粳米洗净，加水入锅熬煮后放入块状红薯熬熟即可。功效：红薯性味甘平，具有补中和血、益气生津、宽肠胃之功效，与粳米熬粥可起到健脾养胃、益气通乳、润肺通便的功效。秋季常食此粥，还能降低血液中的胆固醇，减少皮下脂肪，延年益寿。

秋食薯类好处多

秋季养生注重滋阴润燥，应注意调理脾胃，而薯类食物如马铃薯、番薯等有健脾益气的功效，其中马铃薯还可以消炎、解毒。

我们常见的薯类包括马铃薯、红薯、木薯、山药、芋头、豆薯、魔芋等根块类植物，它们富含淀粉，B族维生素和维生素 C，以及钾、磷、镁等多种矿物质，尤其是丰富的胡萝卜素，能够促进体内细胞新陈代谢，防止皮肤老化。

同时薯类食物所含的膳食纤维还可以促进肠道蠕动，有助于排毒，减少脂肪吸收，达到预防高脂血症、心血管疾病、肠道肿瘤的功效。

那么，番薯、马铃薯怎么吃最健康？由于薯类食物众多，所以挑选出日常番薯、马铃薯、芋头 3 种薯类食物，向大家介绍如何吃更健康。

番薯是抗癌佳品　番薯是有名的"抗癌食物"。番薯的颜色越深，胡萝卜素含量越高。

多吃番薯，可以预防心血管疾病和肿瘤，有助于体重控制，增强免疫力。但番薯不太容易消化，胃炎、胃溃疡及肠道功能不好的人不宜多吃。

马铃薯可消炎解毒　马铃薯中维生素 C 含量高，含钾也较高，而高钾有助于预防高血压、心血管病，但胡萝卜素和膳食纤维较低。

另外，马铃薯经高温油炸可能会产生有害物质，增加患癌症的风险，故应用蒸或文火煮烧马铃薯，才能使马铃薯均匀地熟烂，若急火煮烧，会使其外熟内生。

芋头能预防高血压　芋头的维生素 C 含量较低，但富含多种矿物质，特别是钾、镁、氟的含量较高，有预防高血压、心血管病的功效。

同时，芋头含较高膳食纤维，有利于通便，但相对较难消化，不宜过多食用，以免引起胀气。食滞胃痛、肠胃湿热者忌食。注意芋头应煮熟煮透，否则其中的黏液成分会刺激咽喉引起不适。

秋季润燥有妙招

一场秋雨一场凉。中医认为，秋天的特点是凉、燥，凉容易使人外感风寒，燥可以使人干燥伤阴，首先犯肺，引起咳嗽少痰、咽干口燥、目赤眼痒。

专家提醒，秋季早晚温度低，一天中温差较大，人们应预防感冒。

随着天气变凉，人体出汗明显减少，水盐代谢功能逐渐恢复平衡，进入生理休整阶段，机体出现疲惫感，产生"秋乏"。化解"秋乏"，要保证充足睡眠，早睡早起，避免熬夜；饮食清淡，宜多吃西红柿、茄子、马铃薯、葡萄和梨等食物。

防秋季肺燥，常用的有梨（生熟皆可以）、萝卜、莲藕、冬瓜、西瓜、南瓜、玉竹、百合、杏仁、银耳、粳米等。此外，宜食用粥类食品。

秋季进补不宜过于滋腻

俗话说"一夏无病三分虚"，经过一个夏天，即使不生病，身体也会比较虚弱，极易出现倦怠、乏力、纳呆等症状，故秋后的调理进补十分必要，此时进补不宜过于滋腻，而宜"清补"，可以适当多吃些祛湿的食物。

从中医角度讲，夏季暑热伤阴又伤气，易导致气阴两虚；从西医的角度讲，夏季天气热，出汗较多，易导致机体缺水。因此，入秋后可适当用一些滋阴补气的药材，如麦冬、人参、生地黄、党参、黄芪、白术、茯苓、薏米等。对于一些脾胃虚弱、消化不良的人而言，此时一定要与滋腻之品，如鹿角胶、阿胶等"划清界限"，否则容易加重食欲不振、消化不良等症状；可以多喝点具有健脾利湿作用的薏米粥、扁豆粥。

为抵御冬季严寒，此时人们身体开始储存脂肪，热量的摄取往往大于消耗，稍不小心，体重就会增加，所以此时应多吃一些低热量的食物，如红豆、萝卜、竹笋、薏米、海带、蘑菇等。此外，还可多吃些酸性食物，如苹果、葡萄、山楂、柚子等水果。

秋季天气凉爽，各类"秋季病"开始增多。如老人易寒易热，最易出现感冒、咳嗽、发烧等症，此时可以服用柴胡滴丸等药品。柴胡滴丸能迅速退烧，由于是滴丸剂型，药物可经口腔黏膜直接吸收，能快速起效。此外，还要做好上呼吸道感染、咽喉炎等疾病的预防工作，注意劳逸结合，适当多参加体育锻炼，增强自身免疫力，保持充足睡眠。

寒露推荐三种蔬果

石榴汁抗氧化　每天饮用 100 毫升石榴汁，连饮 2 周，可将氧化过程减缓 40%，并可减少已沉积的氧化胆固醇。即使停止饮用，这种效果仍将持续一个月。石榴汁还是一种有效的抗氧化果汁，是排除心血管毒素的重要物质之一。石榴汁的多酚含量比绿茶高得多，是抗衰老和防治癌症的"超级明星"。

吃桑葚防便秘 桑葚味甘酸，性寒，具有补肝益肾、润肠通便的作用，能有效预防便秘。桑葚还具有调整机体免疫功能、促进造血细胞生长、降血脂、护肝等作用。习惯性便秘者可取鲜桑葚适量，洗净榨汁，每次服用15毫升。

小白菜排毒素 小白菜中所含的矿物质能够促进骨骼的发育，加速人体新陈代谢和增强机体造血功能，通畅肠胃，利大小便，加速排毒，并有益于骨骼健康。

西洋参最好秋季服用

西洋参适用于中老年人补气养阴，但西洋参性凉，较适宜秋季服用。最简便的用法包括：切片开水泡服，每次2~6片用沸水焖几分钟后饮用，可重复冲服至无味；切片蒸熟后嚼着吃，早晚各2~4片；研成细粉，每次3~5克以开水冲服，每天1次；用白酒或米酒泡酒服用，500克酒泡30克西洋参，每次饮用一两盅，每天1~2次。

常喝杏仁露健脑增寿

鲜杏富含维生素 A、有机酸等营养物质，是难得的健康水果，而杏仁的健康益处就更多了。杏仁除可食用外，还是一味被人推崇的中药。杏仁分苦、甜两种，苦杏仁能止咳平喘，润肠通便；甜杏仁偏重滋养，有补虚、润肺、散寒祛风、止泻润燥等功能，能医治哮喘、支气管炎、皮肤脱落、肠胃病等。

目前已经知道核桃含有 36 种以上的神经传递素，可以帮助开发脑功能。同时，核桃和杏仁中富含的不饱和脂肪酸，都对营养脑神经及防止衰老有非常重要的作用。

专家建议，健康的生活应该保证每天吃一把坚果，杏仁和核桃仁都是非常好的选择。但是，老年人牙齿不好，咀嚼坚果不太方便，可以用杏仁露和核桃露来代替。杏仁露和核桃露不但饮用方便，而且比坚果更加利于消化，还完整地保存了坚果的营养。

老人多吃鱼保护心血管

鱼肉富含动物蛋白质和磷质等，营养丰富，滋味鲜美，易被人体消化吸收，对人类体力和智力的发展具有重大作用。

有专家称，老人身体免疫机能下降，血管也没年轻人那么好，在吃方面要格外讲究，平时可以多吃些鱼、蛋之类的食物。

食物要想很好地保存其中的营养物质，那就必须用正确的烹调方法。鱼类常见的烹调方法有很多，如红烧、清蒸、水煮、烧烤等，那到底哪种方法是最营养的呢？营养家证实，油炸鱼不可取，烤鱼或炖鱼有助于人体吸收更多的可保护心脏的欧米伽3脂肪酸。

专家表示，加入低盐酱油的豆腐炖鱼对心脏的保护作用更强大。

豆腐和鱼本就是普通的食材，超市或者菜市场都可以买到，一般人不会想到将两者结合。实际上豆腐炖鱼对心脏能起到保护作用，老年朋友们最怕的就是心血管疾病，这对他们来说确实是一道既可口，又健康的美味佳肴。

香干是"钙中王"

香干是豆腐干的一种，论颜值，虽不及白豆腐水嫩，但其钙含量在豆腐类食品中排行前列。

豆腐干有白干、香干、菜干、酱油干、熏干、发酵后的霉豆腐干等品种。通常是在水豆腐的基础上再去除水分浓缩后的产品，其中的蛋白质、钙、镁浓度均得到很大提高。

烹饪上，可以用香干来替代肉，例如芹菜与香干合炒，两者硬度差不多，口感更好，且芹菜的特殊芳香与香干的淡淡卤味搭配在一起，风味独特。

"嫩"豆腐水分太高，没有加入钙镁元素，蛋白质和钙含量都比较低。想补钙的话，最好还是选择香干等豆腐干，或比较"结实"的豆腐。

冬吃芋头消肿抗瘤

芋头，呈深褐色圆形，表面不光滑，外皮有长短不一的毛刺，就像体内生长的肿瘤。虽然外形看起来有点丑，但却是药用价值很高的食物。中医认为，芋头味甘辛，性平，具有消瘰散结、通便解毒、益气健脾、添精益髓之功用。《滇南本草》中有"芋头治中气不足，久服补肝肾，添精益髓"的记载，长期食用芋头，对于甲状腺结节、子宫肌瘤、卵巢囊肿、乳腺增生、皮下脂肪瘤、纤维瘤、肝肾囊肿、慢性淋巴结炎及各种恶性肿瘤有一定的预防和辅助治疗作用。

回锅芋头的做法：将芋头洗净，放入水中煮熟，去皮后切片备用。起油锅，放入少许香葱和干辣椒段爆香，加入切好的芋头翻炒，等芋头表面呈金黄色后，放入少许食盐即可。

立冬后这样饮食更养生

立冬后，要少食生冷，宜食用一些滋阴潜阳、热量较高的膳食为宜。要多吃新鲜蔬菜，避免维生素缺乏。

红薯　红薯能供给人体大量的黏液蛋白、糖、维生素 A 和维生素 C，具有补虚乏、健脾胃、强肾阴及暖胃、益肺等功效。

萝卜　萝卜含有较多维生素 C、一定量的钙，对调理脾胃作用非常大，消积滞，化痰热，对冬季常见的消化不良、扁桃体炎等疾病有辅助作用。

卷心菜　卷心菜中的维生素 C 和钙含量非常丰富，还含有较多的微量元素钼和锰，是人体制造酶、激素等活性物质所必不可少的原料。它能促进人体物质代谢，增强抵抗力。

羊肉　冬季进补的目的，就是要养护人体的阳气。羊肉就符合这样的进补原则，寒冬吃过羊肉，冰冷的身体就会立刻温暖起来。

一碗杂粮粥帮你舒服过冬

冬季每天喝一碗杂粮粥，不但能增加食物的多样性，还能在一定程度上解决很多困扰，有助于舒服过冬。

控制体重　冬季容易长肉，每天喝碗杂粮粥可在一定程度上避免这个问题。因为杂粮粥有很强的饱腹感，吃后能长时间不饿，从而有助于避免身体摄入过多的热量，预防肥胖。

预防便秘　杂粮粥不但含有一定的水分，其中膳食纤维和抗性淀粉的数量较多，能帮助清肠通便，对便秘的人很有帮助。此外，膳食纤维和抗性淀粉在大肠中能够促进有益菌的增殖，改善肠道微生态环境。

保护血管　在冬季，心脑血管疾病容易高发，每天喝碗杂粮粥有助于保护血管。表皮红色、紫色、黑色的杂粮是花青素的好来源，大麦和燕麦中还有丰富的 β葡聚糖。这些物质有利于预防冠心病，帮助控制血胆固醇，保护血管。

平稳血糖　冬季血糖水平较高，而杂粮粥对餐后血糖的调节有积极作用。因为杂粮粥含有较多的膳食纤维和矿物质，有助于控制血糖。此外，由于吃杂粮豆类需要咀嚼，所以消化速度慢，餐后血糖就比较低。

糖友冬季进补有讲究

冬季进补不少人喜欢吃人参，但糖尿病患者只能适当吃些西洋参，而最好不要吃其他的参。因为人参是益气补阳之品，会增加内热、痰湿的程度，过于补气则会伤阴，使人口渴更为严重。尤其是红参类补品性温热，对于身体偏于阴虚火旺的糖尿病患者来说，服用后更如同"火上浇油"，导致阴亏症状更为明显。西洋参性平和，更偏于滋补阴液，比较适合糖尿病患者进补时食用。

人参蜂王浆等含有蜂蜜类的补品含有多种糖分，服用后会引起血糖波动；而膏类滋补品大多数是用蜂蜜和各种胶类物质如驴皮胶、鹿角胶作为基础料，胶类物质可使血糖上升，并延长食物残渣在肠道中的滞留时间，使患者排便不畅。

三种食物营养再好也不能多吃

康普茶　康普茶含有大量益生菌，这种饮料对人体有益已不是什么秘密。但不要忘记，它含有葡萄糖醛酸，过量饮用会产生胃痛烧心的不良感。

金枪鱼　金枪鱼的鱼肉富含铁、锌、镁等元素，还含有大量的蛋白质。但是，其鱼肉中也含有大量重金属元素——汞，汞中毒会引发视力问题，导致肌肉虚弱无力，因此不宜经常食用金枪鱼肉。

椰油　椰油优点多多，应用广泛，但食用时要格外小心谨慎。原因在于它含有大量的甘油三酸酯，该类脂肪会导致人体内的胆固醇含量下降，引起一系列的心理、生理变化，包括激素分泌不足、维生素缺乏症，从而威胁身体健康。

玉米这样吃营养又美味

煮玉米　玉米可以煮着吃，虽然在煮玉米的时候会损失部分维生素 C，但是能释放出更多的营养物质，尤其是酚类化合物赖氨酸，对癌症等疾病具有一定疗效。

不少人在煮玉米的时候，喜欢把玉米须、玉米叶弄得干干净净，其实很可惜的。玉米须能利胆、利尿、降血糖，玉米梗芯能止汗。啃玉米的时候最好把胚芽部分吃干净，它可是玉米的精华，对保护心脑血管、抗衰老都有非常重要的作用。

酸奶玉米饼　主料：酸奶 200 克，面粉 50 克，玉米面 50 克，鸡蛋 1 个，葡萄干 30 克。

做法：面粉与玉米面倒入大碗中，用筷子搅拌均匀。将酸奶倒入面粉中，再打入鸡蛋。将面糊彻底搅拌匀。把切碎的葡萄干倒入面糊中，搅拌均匀。用不粘锅小火加热，不用倒油，倒入一勺调好的面糊，盖上锅盖，小火焖两三分钟，待面饼表面凝固，且饼身颜色变得金黄时翻个面，再焖一两分钟即可。

玉米三杯鸡　主料：三黄鸡半只，玉米 1 根，食用油 20 毫升，米酒 80 毫升，酱油 30 毫升，姜 5 克，蒜 5 瓣，九层塔适量。

做法：材料准备好。三黄鸡洗净斩成小块。玉米切小块，姜切片，蒜剥去外皮。锅里倒入食用油，放入姜、蒜爆香。待姜、蒜爆至微焦放入鸡块，翻炒鸡肉至变色。倒入酱油，炒至上色。淋入米酒。加入玉米，大火烧开，小火炖 20 分钟。开大火翻炒收汁。加入九层塔拌炒均匀即可。

黄精泡水气血双补

黄精以根茎入药，具有补气、养阴、健脾、润肺等功效，可用于治疗脾胃虚弱、体倦乏力、口干食少、肺虚燥咳、内热消渴等症。

黄精粥　黄精 30 克，粳米 100 克。黄精煎水取汁，在汁液中加入粳米煮至粥熟，加冰糖适量调味服食，尤其适合阴虚肺燥、咳嗽咽干、脾胃虚弱者。

黄精汤　黄精 15 克，水煎 30 分钟，分 2 次温服，主治脾胃虚弱、精血不足引起的食欲不振、大便溏薄、咳嗽少痰、头晕目眩等症。

黄精枸杞汤　黄精、枸杞子各 12 克，放入砂锅中，加水煎煮 30 分钟，药汁分 2 次温服，每日 1 剂，主治病后和术后身体虚弱、贫血等症。

坚果吃对才健康

核桃——中老年人　每周最好吃两三次核桃，尤其是中老年人和绝经期妇女，因为核桃中所含的精氨酸、油酸、抗氧化物质等对保护心血管，预防冠心病、中风、老年痴呆等是颇有益的。有的人喜欢将核桃仁表面的褐色薄皮剥掉，这样会损失一部分营养，所以，不要剥掉这层皮。

葵花子——失眠人士　每天吃一把葵花子，就能满足人体一天所需的维生素 E。常嗑食葵花子对预防冠心病与中风、降低血压、保护血管弹性有一定作用。医学专家认为，葵花子能治失眠，增强记忆力，对预防癌症、高血压和神经衰弱有一定作用。

开心果——心脏不好的人　开心果堪称"心脏之友"，主要含单不饱和脂肪酸，所以开心果不像其他坚果那样容易酸败，可降低胆固醇含量，减少心脏病。开心果含有较多脂肪，血脂高的人应该少吃。

酸辣蘑菇汤提升免疫力

食材：真姬菇 50 克，鲜香菇 50 克，平菇 50 克，豆腐 50 克，黑木耳、胡萝卜少许，香菜适量，胡椒粉、香醋、生姜、大蒜、食盐、食用油、水适量。

做法：将真姬菇尾部去掉洗净，香菇去蒂切成两半，平菇洗净撕开，白豆腐切块后放入水中浸泡并加少许食盐，黑木耳泡发切丝，胡萝卜切丝，香菜切小段备用，大蒜切片，生姜切细丝备用；锅中下油，将蒜片、姜片与胡萝卜丝倒入炒香，再下入真姬菇、香菇与平菇翻炒，炒至菇类出水；将豆腐及泡豆腐的水一同倒入锅中，再适当加入 1~2 碗清水，直至材料完全淹没，加入黑木耳丝，用铲子轻轻翻炒，不要将白豆腐块炒碎了，然后大火煮沸；根据口味加入香醋、胡椒粉、食盐调味，关火后撒入香菜即可盛出食用。

营养提示：菌菇类食材中含有丰富的可溶性膳食纤维和维生素、微量元素等，对于预防便秘、抑制胆固醇、养胃护胃等均有不同程度的功效。每周吃 1~2 次菌菇类食材能够更好地帮助人们养生。

番茄炖牛肉补铁小能手

食材：牛肉 400 克，西红柿 2 个，洋葱 1 个，香菜少许，大蒜、食盐、水、食用油、黑胡椒适量。

做法：将牛肉切块后在清水中浸泡 10 分钟后捞出控水备用，西红柿洗净去蒂切块，洋葱去皮切小块，大蒜取两瓣后切片备用；锅中下油，油热后倒入蒜片与洋葱块炒出香味，洋葱微微发软后倒入牛肉块继续翻炒，炒至牛肉表面变色，撒入黑胡椒；加两碗水将所有材料淹没后开大火煮沸，然后转小火炖煮 1 小时，在此过程中注意翻炒和加水，以免粘锅，时间不够的人也可以使用高压锅炖煮约 30 分钟；牛肉炖煮至八分熟后加入西红柿块，可以用勺子搅拌并将西红柿适量压碎，有助于溶入汤汁中，可以根据自己的喜好控制留下的汤汁的多少，炖熟后关火撒入少许香菜调味即可食用。

营养提示：牛肉中不但富含优质蛋白质，而且是铁、锌等重要矿物质的来源，同时牛肉中含有的多种维生素与脂肪酸有益于人体健康。因此，适当进食牛肉，对提高免疫力有积极作用。

吃肉有讲究

鸭肉：去秋燥的肉　鸭子富含营养，尤其当年新鸭养到秋季，肉质壮嫩肥美，能及时补充人体必需的蛋白质、维生素和矿物质。同时鸭肉性寒凉，特别适合体热上火者食用。夏秋的燥热季节最适合吃鸭。鸭肉富含 B 族维生素和维生素 E，其脂肪酸主要是不饱和脂肪酸和低碳饱和脂肪酸，易于消化。

兔肉：蛋白质含量最高的肉　在所有的畜类肉中，兔肉算是蛋白质含量最高的了，高达 70%，而脂肪和胆固醇含量却很低，比我们常吃的猪肉要少 19%。如果"三高"人群想要滋补身体，兔肉绝对是个好选择，而且在中医看来，滋阴去火的兔肉特别适合放在秋冬季节来吃。兔肉富含卵磷脂，还含有人体最易缺乏的赖氨酸和色氨酸，对保护大脑、增强血管弹性都有好处。

鸡肉：脂肪最少的肉　这里说的鸡肉，是指去皮的鸡肉，因为鸡的脂肪几乎都在鸡皮。每 100 克去皮鸡肉中含有 24 克蛋白质，却只有 0.7 克脂肪。鸡肉对营养不良、畏寒怕冷、乏力疲劳、月经不调、贫血、虚弱等症有很好的食疗作用。

最新研究表明，鸡汤能帮助人预防流感，因为它可以将病毒排出体外。为此，专家建议在秋季适当进补，最好多吃点鸡肉，以增强免疫力，减少患病的几率。

鸡肉中含有丰富的蛋白质会加重肾脏负担，因此有肾病的人应尽量少吃，尤其是尿毒症患者，应禁食鸡肉。鸡肉性温，为了避免助热，高烧患者及胃热患者禁食。

牛肉：最强壮的肉　凡身体虚弱而智力衰退者，吃牛肉最为适宜。牛肉蛋白质的氨基酸组成接近人体需要，能提高机体抗病能力，对生长发育及手术后、病后调养的人在补充失血、修复组织等方面特别适宜。但牛肉的肌肉纤维较粗糙，不易消化，有很高的胆固醇和脂肪，故老人、幼儿及消化力弱的人不宜多吃。

先焯水肉不腻

吃肉最怕还没吃就有腻感，要想让肉不腻，专家建议，先用水焯一下，之后再经过其他烹调，肉就没那么腻了。

将切好的肉同冷水一起放入锅中，大火烧开，并要使得汤面始终保持微沸状态，以中火煮至断生，而且煮的时候不要加锅盖，捞出来用热水冲洗两遍，沥干水分，再加热烹制。这样经过焯水处理，肥肉的部分油脂会溶于水中，再将肉从水中捞出来，部分油脂就会留在水中，肉中的油脂减少，从而也就减轻了肉中过多油脂带来的油腻感。

还可以在加热烹制肉类时，加入一些含淀粉量高的土豆、芋头或一些梅干菜，做蒸菜、烧菜、炒菜或者炖菜，让它们将肥肉吐出的油脂吸收掉一部分，使成菜中的肉中油脂减少，吃起来肥而不腻，土豆、芋头等也好吃了。如梅菜扣肉、土豆烧五花肉等，都很美味。

补镁多吃深绿色蔬菜

现代社会中，人们生活工作压力较大，研究表明，压力会消耗体内的镁，而及时补充镁则能活化肌肉，补充能量，使人心情愉悦。与钙一样，镁也是所有细胞活动的必需营养素之一，但人体却无法自动生成。研究表明，约有 68% 的人每日摄入的镁元素不足，因此通过合理方式及时补充尤为重要。

专家介绍，首先可通过饮食轻松补镁。菠菜、羽衣甘蓝和甜菜等深绿色蔬菜含镁丰富，可适量多吃。同时，西兰花、南瓜、坚果（特别是杏仁）、豆类及可可粉等也含有丰富的镁，建议将这些食物编入日常食谱之中，形成良好的饮食结构。

其次，购买矿泉水时，应留意其成分表上镁元素的含量，尽量选择成分含镁且镁含量高的矿泉水。同类产品中气泡水含镁量则更高。

这样吃海鲜更健康

带鱼：银色的"鳞"别刮掉 带鱼表面的一层银白色物质，常常被误认为是带鱼的鳞，并被认为是一种腥味很浓的东西，所以在烹调前人们总是千方百计地把它洗掉。

专家介绍，其实那层银白色的物质并不是鳞，而是一种无腥味的脂肪，具有一定的营养价值，含有不饱和脂肪酸、卵磷脂和 6- 硫代鸟嘌呤。带鱼的银鳞还能起到使带鱼在烹调时不易破碎的作用。

所以，洗带鱼时不应去鳞。银鳞怕热，在 75℃ 的水中便会溶化，因此清洗带鱼时水温不可过高，也不要对鱼体表面进行过度刮拭，以防银脂流失。

但是，这种银白色的脂肪在长时间接触空气后，容易受到氧化而变成黄色，并带有一定的"哈喇味"。当遇到这种情况，洗时就该去鳞了。

海参：一泡二洗不能少　很多人不会自己在家发海参，其实并不难。先用冷水泡6个小时，把海参泡软后处理内脏，纵向剪开海参的肚子，去掉海参肚子里的杂质；再用冷水漂洗2小时；把食用碱放入水中，烧开后关火，放入海参泡2小时，反复2次，捞出后用清水把碱味漂洗干净，投入冰水，这样海参的肉质更有弹性。洗海参不要用盐去搓，会使海参发不透。

贝类：吃鲜的但别贪生　食用海鲜类美食，一定要烧熟再吃，千万不要贪图新鲜而食用生海鲜。贝壳类食材容易感染诺罗病毒和霍乱弧菌。因此，在吃贝壳类海鲜的时候，应当尽量避免没有蒸熟，以避免所含有的致病菌危害健康。

不过，海鲜虽然要吃熟的，但买的话还是要选新鲜的。新鲜的贝壳和贝肉都很鲜亮，还有一个辨别办法就是上手轻轻敲打贝壳，活的会很自然地闭合两壳，死的则没有反应。

扇贝：新鲜扇贝壳有弹性　扇贝的味道很鲜美，营养很丰富,是海味中的三大珍品之一,将扇贝中白色的内敛肌晒干做成干贝,也着实不错。

那扇贝怎么挑呢?专家介绍,买新鲜扇贝的时候,一定要闻一闻,有坏臭的味道就很不新鲜了;要是有汽油或者煤油的味道,那可要小心了,可能是受到甲基汞的污染了。还要看一看,新鲜的扇贝壳色泽光亮有弹性。

虾:虾头就别吃了 虾儿肥美,是老少皆宜的美味食品,尤其是鲜活的虾经过烹调之后更是滋味甜鲜,口感脆嫩。

专家称,虾虽然鲜美,可也要注意,虾的头部胆固醇含量较高,也容易残留一些重金属等,在虾大量繁殖的季节,虾籽也含有一部分胆固醇。高血脂、高血压和糖尿病朋友在食用时需要注意,虾头和虾籽尽量少吃。

如何煲出绵软南瓜粥

南瓜有补中益气、健脾养胃、益精强志、和五脏、通血脉、止烦、止渴、止泻等功效;小米有清热解渴、健胃除湿、和胃安眠等功效。由两者煮成的南瓜粥金黄绵软,凝如膏脂,味道香甜,是一道老少皆宜的"人气美食"。

要想煲出绵软的南瓜粥，首先要过食材关。南瓜宜选用瓜身稍长，底部膨大，近似木瓜形，瓜皮呈橙红色或金黄色，表面完全被蜡粉的成熟瓜。小米宜选用大小一致，颜色均匀，捏几粒不碎，抓一把闻有一股清香味的。更简单的挑选方法，即把一粒小米放进嘴里，有微甜味道的为佳，劣质的则尝起来有点儿苦涩味。

烹调器具宜选紫砂锅、铁锅、铝锅等。具体制作流程为：南瓜 500 克，小米 50 克。先将小米洗搓干净，倒入温开水，浸泡约 5 分钟；接着将南瓜洗净去皮去籽，切成薄片状，放入锅里，再将泡好的小米撒花似地洒落于瓜肉上；然后注入适量水（水量高出南瓜 2 倍），盖上锅盖，用小火烹饪约 20 分钟。时间到后，不要急于揭盖，而是让其自然冷却，待感觉不烫手时即食。

番茄 + 蜂蜜好吃又营养

我们日常吃的西红柿中，最不同于其他蔬菜和水果的就是其中的番茄红素。番茄红素是一种植物化学物，能够抑制自由基的产生或者直接清除自由基，其抗氧化的能力是维生素 E 的 10 倍左右，是自然界天然类胡萝卜素中抗氧化能力最强的营养素之一。

番茄红素虽然是脂溶性的维生素，需要脂肪来促进番茄红素的吸收，但并不一定非要把番茄炒着吃才能确保番茄红素的吸收，只要我们这一餐当中有脂肪的摄入就可以，或者是与上一餐的食用时间不超过两个小时。这是因为食物的消化吸收最终的场所是我们的小肠，而不是在我们的口腔或胃里。只要我们的小肠中有脂肪的存在就可以促进番茄红素的吸收。

在吃番茄的时候尽量细嚼慢咽，使其细胞壁完全破坏，这样才能充分吸收里面的番茄红素。推荐一种最简单的吃法，那就是做番茄蜂蜜汁，这种吃法不仅能够最大限度地保留西红柿中的维生素 C，还能够让身体吸收更多的番茄红素。做法也很简单：把番茄洗净切块，放入料理机中搅拌一下，然后加入一勺蜂蜜调味，最后加几滴橄榄油就可以。

做菜放虾皮补钙又降压

虾皮是一种营养丰富的食物，钙含量高达 991 毫克 /100 克（成人的每日钙推荐摄入量为 800 毫克），可以称得上是含钙量最高的食品之一。虾皮中含有丰富的镁元素，镁对心脏活动具有重要的调节作用，能很好地保护心血管系统，可减少血液中的胆固醇含量，对于预防动脉硬化、高血压及心肌梗死有一定的作用。老年人的饭菜里放一些虾皮，对提高食欲和增强体质都很有好处。

如何科学吃盐

盐不仅是人们膳食中不可缺少的调味品，而且是人体中不可缺少的物质成分。它的主要成分是氯化钠，其味咸，性寒，入胃、肾及大、小肠经，具有清热解毒、凉血润燥、滋肾通便、杀虫消炎、催吐止泻的功能。但过量食用食盐对身体伤害是有直接性的影响，会引起高血压、水肿，危害心脏，导致胃癌、白内障等，所以我们对食盐应科学饮食。

比较好的一种食用盐是含低钠、高钾、富硒、加碘的保健盐。世界卫生组织规定，成人每日钠盐摄入量应不超过 6 克，但我国的摄盐量已超过正常生理需要的 10~25 倍。

食盐的储存及烹饪方法如下：

盐不宜敞口放置：碘盐如长时间与阳光、空气接触，碘容易挥发。最好是放在有色的玻璃瓶内，用完后盖严，密封保存。

炒菜时不宜第一个放盐：在炒菜做汤时忌高温时放碘盐。炒菜爆锅时放碘盐，碘的食用率仅为 10%，中间放碘盐食用率为 60%；出锅时放碘盐食用率为 90%；凉拌菜时放碘盐食用率就可以达到 100%。

食用含盐量高的食物时，宜减少食盐用量：如饼干、面包、饮料、方便面、罐头、味精、番茄酱、芥末酱、豆瓣酱、甜面酱、豆豉、虾油等，注意烹调时减少用盐量，以平衡饮食中的盐。

使用香料来提味：习惯重口味的人因为长期对味蕾的刺激关系，一下子降低盐分可能会造成味觉上的不适应，为避免因此影响食欲，可在料理时改用葱、姜、蒜之类的香料来提味，消除短时间的不适应感，久了自然就可养成少用盐的习惯。

多吃水果：大部分的水果都是高钾低钠的食品，如香蕉、葡萄、葡萄干、橘子、苹果、杨桃、番石榴、枣子等这些含有丰富钾离子的食物，以达到控制血压的保健效果。

做菜抓好放盐时机

无盐不成味，无米不成炊。在各种烹饪调味品中，盐是最必不可少的。然而，中华菜式种类繁多，食材烹调方式各异，让做菜放盐这件小事变得没那么简单。为此，营养专家为您传授正确的放盐方法：

加热初放盐：腌制、烧菜 口味浓重的荤菜要在烹调前预先对菜品的部分食材进行腌制调味，才能充分入味。家常烧菜，如红烧肉、麻婆豆腐等需要文火烧制的，需要在加热之初就放盐，才能料味十足。

后半程放盐：炖肉、烩菜 有些菜过早放盐，容易影响整道菜的品相和口感。如烹制牛肉炖土豆时，如果先放盐会使肉的纤维组织过早收紧，导致无法充分入味，肉质粗硬。因此，无论是炖肉还是烩菜，烹制到七八分熟时加盐，能使肉质软熟，味道鲜香。

烹调后放盐：凉拌、蒸蔬菜 加热结束后放盐的菜肴很少，一般只有凉拌菜和蒸蔬菜。蒸蔬菜时，建议在出锅后淋上适量酱油调味即可，用了酱油后就应当少放或不放盐、味精、鸡精等，以免盐摄入超标。

根据中国营养学会建议，我国成年人一天的食盐摄入量不应超过 6 克。食盐过量会增加高血压、脑血管病的风险，因此建议控制盐分摄入总量。

吃什么鱼更健康

海鱼风味更鲜，重金属污染较少。河鱼和海鱼的营养基本相同，但淡水鱼土腥味较重，海鱼味道鲜美，且淡水易受到土壤中农药、化肥的污染，相对而言，海鱼更安全些。

挑选身体呈梭子型的鱼。洄游性鱼类一般生活在水域中上层，由于产卵、季节等原因，它们不会长期生活在固定水域，体内沉积的重金属污染物较少。这类鱼的体态多呈梭子型、流线型，如鲑鱼、沙丁鱼、金枪鱼、马鲛鱼。定着性鱼类生长在水域底部的礁石或水草中，不迁徙，不洄游，较易受到水体污染的影响，这类鱼通常呈扁平形态，如多宝鱼、偏口鱼等。

孕妇、幼儿尽量少吃贝类。毛蚶、牡蛎、扇贝等贝类多生活在离岸较近的浅海区域，而近海地区水体比较容易受到污染，汞、镉、铅等重金属沉积在体内不易排出。体型较大的鱼体内也容易聚集污染物，建议上述人群尽量少吃。

专家建议，大家不要迷信野生鱼。一些人认为野生鱼营养更好，实际上养殖鱼跟野生鱼的营养价值相差无几。现在，养殖鱼的饲料通常都是海洋中的小鱼小虾研磨制成的鱼粉，与野生鱼的食物差不多，且在养殖过程中，水体环境、饲料质量等都有国家标准。野生鱼生活环境差异较大，如生活在污染水体中，鱼体内沉积的重金属可能超标。

《中国居民膳食指南（2016）》推荐，成人每周吃鱼280~525克。专家建议，吃鱼种类尽量多些，新鲜的鱼最好蒸着吃，清蒸烹调温度较低且用油少，能保护鱼肉中绝大部分营养不被破坏，还能保留鱼肉的鲜味。

早餐燕麦粥喝出好心情

生活中，不少食物除了具有丰富的营养外，还有着特殊的食疗功效。比如一些"开心食物"，人体摄取后，可常保心情开朗。

燕麦便是营养师极力推荐的一种开心食物。燕麦富含水溶性的膳食纤维，可以蠕动肠胃，促进排便，是最适合人体消化系统特性的一种食物。此外，其复合性的碳水化合物也容易产生饱足感，让血糖维持稳定，如此一来，人的情绪也会变得平和舒服。

天天吃燕麦粥会不会吃腻呢？其实，燕麦粥口感很滑润，还可以添加牛奶或鸡蛋等，咸甜皆宜，百搭不厌。食物吃对了，身体就不会闹情绪，也能为健康打好底。

吃酸味食物助开胃

上了年纪后，很多人会食欲不振，这是因为老年人消化功能减弱，味蕾的衰退会使舌头感知食物味道的能力减弱，导致吃什么都没滋味。此时，适当吃些酸味食物对开胃有帮助。

山楂含有脂肪分解酶，有助于肉类食物的消化。此外，山楂能降低血清胆固醇及甘油三酯水平，有效防止动脉粥样硬化，还有扩张血管、降低血压的作用。因此，消化不良且伴有高血脂、高血压或冠心病的老人，每日可取生山楂 15～30 克，水煎代茶饮。

醋不但可以调味，还能生津开胃。胃酸缺乏的老人做菜时可多放点醋，以增强消化功能和食欲。

中医认为，西红柿可以生津止渴，健胃消食，适合消化功能欠佳的老人食用，其中的番茄红素还具有抗动脉粥样硬化、抗氧化损伤的功能。但因西红柿性微寒，脾胃虚寒的老年人不宜生食，最好做汤或炒食。

除了上面提到的食物外，老年人还可以根据自己的体质，适当吃些橘子、苹果、葡萄和猕猴桃等酸味食物。需要提醒的是，酸味食物虽能增进食欲，促进消化，但还需因人而异、合理食用，例如有胃溃疡的老年人就不宜过多摄入。

怎样食用大蒜效果好

"大蒜是个宝，常吃身体好"、"一香能驱百臭，一蒜能杀百菌"等谚语是人们健康经验的总结。要想使大蒜发挥应有的营养功效，在吃法上必须有所讲究。那么，大蒜到底应该怎么吃呢？

大蒜中最被广泛提及的成分是大蒜素，它有丰富的药理效果，即使在极低的浓度下也能瞬间杀死伤寒杆菌和流感病毒。通常情况下，完整的生蒜中并不含有大蒜素，只有当大蒜瓣被切开或者捣蒜时，生蒜中的两种成分——蒜氨酸和蒜酶才能得以相聚，生成大蒜素。因此，若想使大蒜的益处达到最佳，必须先把它切片或捣碎放在空气里 3~5 分钟，等它跟氧气结合产生大蒜素才可食用。

另外，大蒜素带有特殊的气味，有些人因此不愿意吃大蒜。这里介绍两个吃大蒜的小秘诀：将大蒜碾碎，生吞下去，这样蒜液快速经过嘴巴，可尽量减少遗臭；或者是嚼完大蒜后，含一口牛奶，摇头晃脑一番，因为牛奶中的蛋白质可以去除蒜臭味。

四种蔬菜含铁量超肉类

无论是否素食，每天膳食中必须摄入一定量的铁。相比成年男性，老年女性需要的铁含量更多。众所周知，肉类铁元素含量丰富，但以下 4 种蔬菜的含铁量与肉类相当甚至超过肉类：

菠菜　深绿色蔬菜，如菠菜等，能够提供大量的铁。3 杯菠菜汁含有 18 毫克铁，比 250 克以上牛排含有的铁更多。

西兰花　西兰花不仅含有大量铁，还含有维生素 C、维生素 K 和镁等营养物质，其中维生素 C 可以促进铁元素吸收。

小白菜　小白菜含有大量维生素 A，同时每杯还含有 1.8 毫克铁。

烤土豆　一个大的烤土豆含铁量约是 84 克鸡肉的 3 倍。可以在烤土豆上淋些希腊酸奶、蒸的西兰花等食材，作为一顿美味的周末晚餐。

五道养生菜补血养颜

补血补气型——蜜汁花生枣　红枣 100 克，花生仁 100 克，温水泡后放锅中加水适量，小火煮到熟软，再加蜂蜜 200 克，至汁液黏稠停火。也可用高压锅煮 30 分钟左右，蜂蜜可待花生仁、红枣熟后入锅。红枣补气，花生衣补血，花生肉滋润，蜂蜜补气。

面容多皱纹型——干果山药泥　鲜山药 500 克煮熟，去皮，压泥，再挤压成团饼状，上置桃仁、红枣、山楂、青梅等果料，上蒸锅煮约 10 分钟，后浇上蜂蜜。

山药补脾益肾，桃仁补肺益肾润燥健脑，红枣补气养血，综合生效使皮肤皱纹舒展，光滑润泽。

面容粗糙型——笋烧海参　水发海参200克切长条，与鲜笋或水发笋100克切片同入锅，加瘦肉一起煨熟，加入盐、味精、糖、酒，勾芡后食用。海参滋阴养血，竹笋清内热，综合生效使皮肤细腻光润。

面容虚胖型——海米炒油菜　油菜200克，洗净切长段，用油炒。再放入温水发透的海米50克，加适量鸡汤炒熟，加盐、味精，勾芡即可食用。油菜利尿除湿，海米补肾阳，鸡汤补虚益气，综合生效使面部浮胖消退。

面容黑暗型——栗子炖白菜　生栗子200克，去壳，切成两半，用鸭汤适量煨至熟透，再放入白菜条200克，盐、味精少许，白菜熟后勾芡。鸭滋阴补虚，栗子健脾补肾，白菜补阴润燥，综合生效使面色白皙明亮。

五种人少吃鱼

每周吃1~2次鱼有益于身体健康已成为各国营养专家的共识，这一结论也得到了众多研究的支持，但对某些人来说，吃鱼非但不能有益于健康，反而会伤害身体。

痛风患者　鱼、虾、贝类等食物富含嘌呤，而痛风则是因为人体内嘌呤代谢异常所致，因此，痛风病人急性发作期要禁食一切肉类及含嘌呤高的食物。缓解期则应定量吃鱼肉类食物，严禁一次摄入过多。此时，可适量选用含嘌呤较少的鱼类，如青鱼、鲑鱼、金枪鱼、白鱼、龙虾等；少用含嘌呤较多的鱼类，如鲤鱼、鳕鱼、大比目鱼、鲈鱼、鳗鱼、鳝鱼等；禁用含嘌呤高的沙丁鱼、凤尾鱼和鱼子。

出血性疾病患者　鱼脂肪中含有二十碳五烯酸（EPA），具有防止胆固醇黏附于血管壁的作用，对于动脉粥样硬化者十分有益。但是，摄入过多 EPA 会抑制血小板凝集，容易加重出血性疾病患者的出血症状，对病情恢复不利。

肝肾功能严重损害者　鱼类食物蛋白质含量丰富，过多摄入会加重肝肾担负，肝肾功能严重损害者应在医师的指导下定量吃鱼。

服用某些药物的人　扑尔敏、苯海拉明等为组胺受体拮抗药，而鱼虾等富含组氨酸的食物在体内可转化为组胺，若上述抗组胺药与之一起吃则会抑制组胺分解，造成组胺蓄积，诱发头晕、头痛、心慌等症状。

过敏体质者 过敏体质者特别是曾经因吃鱼虾类食物发生皮肤过敏的人应慎吃鱼，以免再次引发过敏。

四类人要少吃花生

花生由于营养丰富，常被人们称为"长生果"，但以下人群不宜多吃：

胃肠道疾病患者 花生含有大量蛋白质，而消化过多蛋白质会增加肠道负担，故消化不良的患者要少吃。

肝胆疾病患者 高蛋白和高脂肪的食物对胆囊的刺激会很强，促使胆汁大量分泌，来帮助其消化吸收。肝胆疾病患者食用过多花生，无疑会加重肝胆负担，甚至会加重病情。这类病人吃花生时，最好选择蒸煮的方式。

皮肤油脂分泌旺盛、易长痘的人 花生含有大量脂肪，吃多易促进皮肤毛囊分泌更多油脂，本身属于油性肌肤的人群不宜进食过量的花生。

血栓人群 花生具有止血作用，可以增进血凝，从而促进血栓的形成。因此，血液黏度较高或者有血栓的人要少吃花生。

花生属于坚果，普通人食用过多也容易上火，如果使用很多油来烹饪，不仅会加大上火几率，易导致腹胀，而且会破坏花生里的营养物质。吃花生选择水煮、炖或熬粥的方式为佳，不仅易于消化，还能最大限度地保留花生中的营养。

泡茶常见五误区

茶叶是有益于身体健康的上乘饮料，是世界三大饮料之一，因此，茶叶有"康乐饮料"之王的美称。但是饮茶还需要讲究科学，才能达到提精神益思维、解口渴去烦恼、消除疲劳、益寿保健的目的。但有些人饮茶习惯不科学，常见的有以下几种：

用保温杯泡茶　沏茶宜用陶瓷壶、杯，不宜用保温杯。因为用保温杯泡茶叶，茶水较长时间保持高温，茶叶中一部分芳香油逸出，使香味减少；浸出的鞣酸和茶碱过多，有苦涩味，因而也损失了部分营养成分。

用沸水泡茶　用沸腾的开水泡茶，会破坏很多营养物质。例如维生素 C、P 等，在水温超过 80℃时就会被破坏，还易溶出过多的鞣酸等物质，使茶带有苦涩味。因此，泡茶的水温一般应掌握在 70~80℃。尤其是绿茶，如温度太高，茶叶泡熟，变成了红茶，便失去了绿茶原有的清香、爽凉味。

泡茶时间过长　茶叶浸泡 4~6 分钟后饮用最佳，因此时已有 80% 的咖啡因和 60% 的其他可溶性物质已经浸泡出来。时间太长，茶水就会有苦涩味。放在暖水瓶或炉灶上长时间煮的茶水，易发生化学变化，不宜再饮用。

扔掉泡过的茶叶　大多数人泡过茶后，把用过的茶叶扔掉。实际上这样是不经济的，应当把茶叶咀嚼后咽下去，因为茶叶中含有较多的胡萝卜素、粗纤维和其他营养物质。

习惯于泡浓茶　泡一杯浓度适中的茶水，一般需要 10 克左右的茶叶。有的人喜欢泡浓茶。茶水太浓，浸出过多的咖啡因和鞣酸，对胃肠刺激性太大。泡一杯茶以后可续水再泡 3~4 杯。

天热喝对茶解渴又消暑

花茶　夏末秋初喝花茶，能够祛暑解渴，还可健胃、养颜以及治疗感冒、解除心烦。天热最好服用具有清凉解暑功效的凉性花茶，但脾胃比较虚弱的人应服用温性或中性的花茶。

姜茶　天热很多人总喜欢吃冰冷的食物，这其实会伤脾胃，可选择一些热性食物或茶水调理脾胃。红糖姜茶非常适合女性在痛经时服用，天热适量吃一些，还可治疗感冒，同时起到活血化瘀的作用。

黑茶　黑茶营养丰富且具有清凉解暑的作用。每天喝一点黑茶，能够有效保障工作正常进行以及提高身体免疫力。天热若出现肠胃炎等疾病，服用一些老黑茶有利于快速恢复健康。

绿茶　龙井、铁观音、碧螺春等都属于绿茶。绿茶中含有大量的维生素、氨基酸以及微量元素，性质偏寒凉，味道有一点苦，喝起来清凉解暑，解毒生津，还能利尿解乏，降脂助消化，尤其适合"三高"人群、长期在电脑前工作及油腻食品吃得多的人。

白茶　糖尿病人最适合喝白茶，因为白茶所含的茶多酚和茶多糖这两种抑制人体血糖上升的有效物质比其他种类的茶叶要多，而且白茶制作过程简单，加工工序最少，最大限度保留了茶叶中的茶多酚和茶多糖的成分。

红茶　红茶具有消暑解渴的作用，这主要归功于红茶中含有大量多酚类物质、氨基酸以及糖类物质，能刺激口水大量分泌。脾胃虚弱的人，喝红茶可起到一定的温胃作用。此外，红茶还可帮助胃肠消化，以促进食欲。

喝茶莫贪杯　清淡利健康

茶叶中富含很多对人体有益的化学成分，但饮茶还应根据自身的身体状况及结合不同的季节选择不同的茶品。

饮茶别贪多　很多人爱喝茶，特别爱喝浓茶，久而久之得了胃病。饮茶虽然有益于健康，但也要适量。爱失眠的人下午或晚上不要喝茶，体质虚弱的人不宜多喝茶。

不建议人们多饮浓茶，虽然浓茶的口感更加浓郁，但喝茶是为了追求营养以及享受品茶的过程，不能单一追求口感上的刺激。

暖茶暖身更有益　中国人习惯喝热茶和暖茶，其实在国外还有冰茶和冷茶。比如冰红茶，将茶沏好后加入冰块，喝上一口能感到冷劲儿十足。有机会可以尝尝冷茶，但不要常喝。

吃喝顺序有讲究　饮茶与品尝食物的前后顺序也

很有讲究。一般以品茶为目的时，在吃茶点之前建议先品茶。口中没有被食物、水果影响，品尝茶的口味最为敏感，对茶的醇香度也感受得最为清晰。吃了食物后，茶的滋味会与食物相互融合，与吃茶点前品尝的茶味会有很大区别。此外，饭前尝少量茶水能起到润口的作用，是可以尝试的。需要强调的是，饭前尝茶与空腹喝茶是两个概念。空腹喝茶是指空腹时喝大量的茶，对身体和脾胃有伤害，一定要避免。

健康饮茶的注意事项

喝茶可以保健养生，但没有注意喝茶的正确方法，不但品尝不到喝茶的美好，不能起到养生的作用，反而会对身体造成伤害。

温度　喝太烫的茶汤，可能会刺激口腔及食道黏膜，造成局部发炎。喝茶的温度，从营养学上来看，是稍冷至温热适口的茶汤最好。喝太冷的茶汤，因为时间拉长，损失茶水中有营养价值的成分，例如茶多酚、维生素 C 等易氧化的物质。

醒酒　酒后喝浓茶有醒酒的作用，茶碱的利尿作用可使乙醛由肾脏直接排出体外，但乙醛对肾脏有害，常用浓茶醒酒，会引起肾功能障碍。

浓茶 喝浓茶时会喝入较多的咖啡因、茶碱，刺激中枢神经使人兴奋，精神过于活跃，注意力不集中，影响工作和休息。睡前喝浓茶影响睡眠，甚至会失眠。茶性寒凉，年老体弱者喝浓茶可能会引发肠胃病，所以泡茶时要适当注意浓淡。

餐前餐后 餐前餐后喝茶，茶碱会影响消化，鞣酸会抑制胃肠的分泌，造成消化不良，与其他食物中的蛋白质形成鞣酸蛋白凝固物，不易消化。专家建议，餐前餐后 1 小时内不要喝茶。

服药 用茶水服药，药中若含铝、铁、酶等成分，和茶汤中的多酚类会产生结晶沉淀，此外茶中咖啡因的兴奋作用会和镇定、催眠的药物相互抵制。专家建议，服药前后 2 小时内避免喝茶。

空腹 空腹喝茶会冲淡胃酸、胃液，妨碍消化，甚至会引起心悸头痛、胃部不适、眼花、心烦等现象，并影响对蛋白质的吸收，还可能造成胃黏膜的损伤，引起慢性胃炎。

八种吃法让果蔬营养流失

即使每次都选择营养丰富的食材，如果烹调方式不合理，营养也会偷偷溜走。专家揪出了偷走营养的"神秘大盗"：

果蔬全削皮　很多人怕蔬菜表皮有农药残留，一般会削皮后再烹调，比如茄子皮、西葫芦皮、萝卜皮等。

事实上，蔬菜表皮中含有膳食纤维、维生素、叶绿素、矿物质和抗氧化物等多种营养物质，削皮后再吃其实丢掉了很多营养素。

为减少农药残留，最好先在水龙头下用力搓洗果蔬，外表"结实"的瓜果还可用小刷子刷洗，觉得洗干净了，再用水冲洗 15~20 秒就可以放心吃了。用自来水浸泡也可以去掉部分农残，但不要泡太久，以 10 分钟左右为宜。

菜先切后洗　不少人图方便，会先把菜切好再一起洗，但这样做，菜里所含 B 族维生素、维生素 C 等水溶性维生素和部分矿物质会溶到水里，造成损失。

因此，正确的做法是先仔细清洗蔬菜，并尽量将水分控干后再切。另外，蒸饭前淘米，也不要反复搓洗，不然其中的 B 族维生素也会大量损失。

切得太细碎　从营养的角度来说，菜并不是切得越细碎越好。因为切的块越小，其表面积越大，接触空气和热锅的可能性越大，那么营养素损失得也越厉害，还会有一些营养物质随着蔬菜汁液而流失。因此，菜最好是现切现炒，现炒现吃。

焯菜时间久　有的蔬菜切好了还需要用沸水焯烫一下，这样可以去除草酸甚至残留农药。但如果锅里的水太少、火太小，焯菜时间就会增加，造成蔬菜中很多的营养素流失。

应对方法是，在焯菜时，应该尽量多放点水，将火力调到最大，缩短焯菜时间。一般情况下，蔬菜颜色稍有变化便可以将其捞出来了。还可以在水里加几滴油，"封住"菜的断面，阻止其氧化损失。

腌肉乱用碱　不少人喜欢用小苏打、嫩肉粉等碱性物质来腌制肉类，让其更加滑嫩，但这些碱类物质会使蛋白质发生变性，不易被人体吸收，且脂肪遇碱后会发生皂化反应，不但失去价值，还会产生异味，而且肉中大量的 B 族维生素也会损失殆尽。

平时腌制肉类的时候，可以用盐、胡椒粉、绍酒、蛋清和淀粉将肉片抓匀，然后用适当的油温滑熟，这样可以很好地保住营养，并且口感也不错。

炒菜油温高　很多人炒菜的时候都会先炝锅，尤其喜欢把油烧冒烟了再放入葱姜，炝出香味了再炒菜。但那时油温往往已经超过 200℃，油中的维生素 E、磷脂、不饱和脂肪酸等在高温后很容易被氧化，蔬菜中的其他营养素也被破坏了。

因此，建议在油冒烟前菜就下锅，而且可以用急火快炒的方式，缩短加热时间。

盐放得太早　不少人炒菜时有多放盐或早放盐的习惯，这样会使蔬菜中的汁液流出过多，不仅造成营养素损失，而且还会让菜肴塌蔫，影响口感。

肉类放盐太早，则会让蛋白质过早凝固，不仅难消化，腥味还挥发不了，汤汁的鲜味也渗不进去。建议将菜做到七八成熟时再放盐，或者出锅前再放。

绿叶菜也加醋　很多人喜欢炒菜的时候放点醋提味，但如果炒绿色蔬菜时加了太多醋，菜色就会变得褐黄，而炒土豆丝、藕片等黄、白色菜肴时加醋却没有反应。

这是因为绿色蔬菜中含大量的叶绿素和镁，加醋后，醋酸中的氢就会马上替换掉叶绿素中的镁，这种重要的营养素就被"偷"走了。因此，烹制绿叶蔬菜时，不要放太多醋，最好不放醋。

煲鱼汤别犯这些错

没有处理干净　正确的处理方法是：手的两指伸入鳃中，抠掉鳃，刮掉鳞，剪掉鳍，剖腹，去除内脏。清水洗几次，然后抽掉鱼线。鱼身体两侧各有一条白色的线，叫"腥腺"，这种黏液腺分泌出来的黏液含有带腥味的三甲胺，去掉可减轻鱼的腥味。

中途加水　人们煲鱼汤时易犯一次性放水不够的错误，导致中途加水，影响鱼汤的浓度。煲汤时的用水量至少为鱼本身重量的 3 倍。如中途确实需要加水，应以热水为好。

炖煮时间太长　鱼肉比较细嫩，煲汤时间不宜过长，只要汤烧到发白就可以了，如果再继续炖，不但会破坏营养，鱼肉口味也会变差。

喝对粥可养生防病

小米粥　小米养心和胃，对胃有一定的养护作用，且有助于安眠。对老人、病人、产妇来说，小米粥是理想的滋补品。

玉米粥　玉米中除含有碳水化合物、蛋白质、脂肪、胡萝卜素外，还含有核黄素、钙、镁、硒及多种维生素，有助于预防心脏病、高血压、高脂血症。

红薯粥　红薯能养胃健脾，预防便秘。脾胃不好的人，适合加红薯煮粥。

燕麦粥　坚持喝燕麦粥，有助于降低"坏"胆固醇水平，防治高脂血症。每天喝一小碗粗粮粥，如燕麦粥，可延年益寿。

喝两款清粥助轻松入眠

秫米粥　食疗配方：秫米 30 克，半夏 10 克。功效：和胃安眠。适用于食滞不化、胃中不适而引起失眠者。制法：先煎半夏去渣，入米煮做粥。用法：空腹食用。

酸枣仁粥　食疗配方：酸枣仁末15克，粳米100克。

功效：宁心安神。适用于心悸、失眠、多梦、心烦。 制法：先以粳米煮粥，临熟，下酸枣仁末再煮。用法：空腹食用。

给姜汤加点"料"

俗话说"家备生姜，小病不慌"，单单喝姜汤可能会索然无味，不妨再加点料。

红糖姜汤 红糖具有养血、活血的作用，加到姜汤里，可改善体表循环，治疗伤风感冒。需要注意的是，生姜红糖水只适用于风寒感冒或淋雨后胃寒，不能用于暑热感冒或风热感冒。

大枣姜汤 大枣性味甘温，具有补中益气、养血安神的作用；生姜性味辛温，具有温中止呕、解表散寒的作用。二者合用，可促进气血流通，改善手脚冰凉的症状。

盐醋姜汤 如果肩膀和腰背遭受风、寒、湿等病邪的侵扰，特别是老人容易复发肩周炎，可熬一些热姜汤。先在热姜汤里加少许盐和醋，然后用毛巾浸水拧干，敷于患处，反复数次，能使肌肉由张变弛，舒筋活血，大大缓解疼痛。

做凉拌菜把好四关

天热，凉拌菜是餐桌上的"宠儿"，可为了健康，制作凉拌菜一定要注意把好四道关：

选料关　选料是制作凉拌菜的关键。用新鲜、时令的果品和蔬菜做出来的凉拌菜既鲜美嫩脆，又味清爽口，如凉拌黄瓜，要用鲜嫩黄瓜、蒜泥白肉，应选猪后腿肉，卤酱肉和煮白肉时要用微火慢慢煮烂，做到鲜香嫩烂才能入味。

清洁关　做凉拌菜时要讲究卫生，制作前应用肥皂把手洗干净。蔬菜根部或菜叶中附着的泥沙、污物、虫卵要反复多次冲洗。

加工关　要用专门的菜刀、菜板，使用前后应洗烫干净。刀工要美观整齐，切条、切片的长短、厚薄、大小要相等，切丝更要精细一致。有些新鲜蔬菜用手撕成小块，口感会比刀切更好。焯水时要注意火候，如蔬菜焯到五六成熟时即好。

调味关　根据原料品种的不同及所喜欢的味道，选择合适的调味，先用一小碗加入所取的调料，分别调成咸甜鲜味、酸甜味、麻辣味、鱼香味等。调味中葱姜蒜末是必不可少的，可增香并有杀菌作用。调好的汁，最好能放入冰箱冷藏。凉拌菜中不要过早加入调味汁，否则蔬菜会出水，冲淡所调口味，在凉拌菜准备上桌时再淋上汁拌匀即可。

好牛奶有四个标准

在挑选牛奶时，除了选大品牌，挑没有任何添加剂的"纯牛奶"以外，还要仔细看配料表，同等价位产品，选择脂肪含量高的。一般原料奶的脂肪含量越高，质量就越好。可以通过以下方法来判断牛奶的质量：

好牛奶颜色乳白（可以略显黄色），乳香清淡，口感稀薄，闻起来香味很淡，入口后有淡淡的奶香。

如果购买的纯牛奶口感稠厚，是极不正常的。那种入口前就有扑鼻的香味，入口后奶香味久久停留的牛奶，极有可能加入了牛奶香精。

将牛奶（没有加热过的）倒入干净的透明玻璃杯中，慢慢倾斜玻璃杯，如果有薄薄的奶膜留在内壁，且不挂杯，容易用水冲下来，就是原料新鲜的牛奶。这样的奶是在短时间内就送到加工厂的，且细菌总数很低。如果玻璃杯上的奶膜不均匀，甚至有肉眼可见的小颗粒挂在杯壁，且不易清洗，那就说明牛奶不够新鲜。

在盛冷水的碗里，滴几滴牛奶。奶汁凝固沉底者为质量较好的牛奶，浮散的说明质量欠佳。

观察牛奶在煮开冷却后表面的奶皮。表面结有完整奶皮的是新鲜的奶，这样的牛奶质量较好，脂肪含量高。

复合维生素应该饭后吃

生活中吃得精细，会损失大量 B 族维生素；蔬菜过度浸泡，会泡掉大量水溶性维生素；食品放置时间过长，或用油煎、烘烤等烹饪方式都可能减少维生素含量。这时，补充复合维生素就像上了一道"保险"，而且最好饭后吃。

叶酸、维生素 B、维生素 C 等水溶性维生素如果饭前空腹吃，很快通过胃进入小肠被吸收，还没完全被人体利用就通过尿液排出体外。维生素 A、D、E、K 等脂溶性维生素必须溶于脂肪类食物中才能被吸收，如空腹服用，大部分都不能被吸收。

出汗后多食补钾食物

人出汗后，尤其是夏天出现犯困或乏力时，要想到缺乏钾元素的可能，特别是炎热天大出汗后不仅要注意及时补水补钠（注意少量多次），而且也要适当补钾。

热天防缺钾，最安全有效的办法就是多吃些含钾丰富的食物。海藻类含钾丰富的主要有紫菜、海带等，所以紫菜汤、紫菜蒸鱼、紫菜肉丸、凉拌海带丝、海带炖肉等都是夏季补钾菜肴的上品。还有瘦肉、蛋类、菠菜、甜菜、香菜、油菜、甘蓝、芹菜、大葱、青蒜、莴笋、土豆、山药、鲜豌豆、毛豆、大豆及其制品的含钾量也较多，粮食以荞麦、玉米、红薯等含钾量较高，水果以香蕉含钾量最丰富（每 100 克含钾 256 毫克）。这些食品大家在夏季不妨适当多吃些，以及时补钾，保障身体健康。

五种水果加热吃更营养

柚子　要煮的不是柚子瓤，而是柚子皮。柚子皮含有柚皮甙和芦丁等黄酮类物质，具有抗氧化的作用，可以降低血液的黏稠度，瘦身减肥，抗衰老。加热后进入体内时这些物质会更加活跃，发挥出最大功效。将柚皮中间柔软的白色部分切成薄片，用温水煮10分钟，然后和蜂蜜一起冲茶喝，其营养素就会在体内开始发挥作用。

苹果　含有的果胶具有很好的排毒作用，可以和膳食纤维一起清理肠道。经过加热的果胶会变得更加稳定，而且还多出了"吸收肠内细菌和毒素"这一功效。研究发现，苹果加热后所含的多酚类天然抗氧化物质的含量会大幅增加。多酚不仅能够降血糖、血脂，抑制自由基而抗氧化，抗炎杀菌，还能抑制血浆胆固醇升高，消灭体内自由基。苹果维生素C含量很低，加热丢失并不可惜。其中的钾、果胶、绿原酸、类黄酮之类的有益成分加热后仍可保留。加水煮后口味会变酸，要少加水，再加点枣来增甜就行了。

梨　梨能润肺止咳，但梨属寒性，天冷时吃生梨会更感体寒。但如果将梨煮一下，情况就完全不同了。煮熟的梨去除了寒性，梨皮会变得略苦，去燥润肺的功效完全被释放出来。梨籽中的木质素本来属于不可溶纤维，但在加热后会在肠道中被溶解，将有害的胆固醇揪出体外。"冰糖雪梨"则是雪梨煮食最常见的一种方式，其做法简单：将雪梨去核切块，与适量的凉开水和冰糖一起慢火煮半个小时就好了。有慢性气管炎、慢性咽炎的患者也可以适当吃一些冰糖雪梨来做食疗。

小番茄 小番茄加热后，茄红素的含量会迅速增加，从而提高番茄的营养价值，并增强其总体的抗氧化能力。只要加热 2 分钟（水煮或者微波均可），茄红素和抗氧化剂的含量就可以分别增加 54% 和 28%。

橙子 橙皮里含有止咳化痰功效的那可汀和橙皮油，这两种成分只有在蒸煮之后才会从橙皮中出来。尤其适合久咳不愈的小孩子吃。蒸食方法是：把橙子洗干净，不用剥皮，在橙子顶部平切一刀，往露出的果肉上撒少许盐，再用筷子在果肉上戳几个洞，让盐能渗进果肉，再把切开的那片橙子重新盖好，用牙签固定，放进碗里。碗里不用加水，直接上蒸锅，待水沸后再蒸 15 分钟即可。只吃果肉及碗底部的汁水，不吃皮。

被誉为天然良 "药" 的果蔬

香蕉：天然安眠"药" 含有消除身体疲劳的镁元素，有安眠作用，并能令人心情愉快。睡前吃香蕉不用担心发胖，反而有助于消化，促进排便。

柠檬：天然感冒"药"　柠檬中富含维生素 C。新鲜柠檬切薄片，放盐，冲一杯热、咸的柠檬水，可以减轻各种感冒症状，尤其在感冒初期，可以不"药"而愈。

葡萄：天然抗衰老"药"　含有原花青素，是天然抗氧化剂。另外，葡萄皮和籽中同样有很丰富的抗氧化物质，所以吃葡萄时最好连皮带籽一起吃下去。

生姜：天然止痛"药"　感冒头痛、痛经，可以熬点生姜红糖水喝。将生姜切片放在浓盐水中煮熟，外敷腰部和膝关节，可以缓解腰痛、膝关节痛。

山药：天然补肾"药"　山药性味平和，不热不燥，适合各种体质的人食用，尤其是脾胃虚弱和肾虚的人可以把山药作为调补身体的常用食物，且不用担心食后腹胀、便秘等不适。

冬瓜：天然减肥"药"　冬瓜有利尿、帮助消化、消水肿的作用，且不含脂肪，有"瘦身瓜"的美誉，对水肿型肥胖者的减肥效果更明显。

卷心菜：天然胃"药"　卷心菜含有保护胃肠黏膜的物质，对于胃肠蠕动与吸收有促进作用，可有效预防胃溃疡和十二指肠溃疡，并可改善症状。

这些食物可排毒

地瓜　地瓜所含的纤维质松软易消化，可促进肠胃蠕动，有助于排便。较好的吃法是烤地瓜。

绿豆　具有清热解毒、除湿利尿、消暑解渴的功效。多喝绿豆汤有利于排毒消肿，不过煮的时间不宜过长，以免有机酸、维生素受到破坏而降低效用。

燕麦　能促进肠胃蠕动，发挥通便排毒的作用。将蒸熟的燕麦打成汁当作饮料来喝是不错的选择，搅打时也可加入其他食材，如苹果、葡萄干，更有营养。

糙米　就是全米，保留米糠，有丰富的纤维，具有吸水、吸脂作用及饱足感，能整肠利便，有助于排毒。每天早餐吃一碗糙米粥或来一杯糙米豆浆是不错的排毒方法。

红小豆　可增加肠胃蠕动，减少便秘，促进排尿。可在晚上将红小豆用电锅炖煮浸泡一段时间，隔天将无糖的红豆汤水当开水喝，能有效促进排毒。

山药　可整顿消化系统，减少皮下脂肪沉积，避免肥胖，且增加免疫功能，以生食排毒效果最好。可将去皮白山药和菠萝切小块，一起打成汁饮用，有健胃整肠的功能。

芦笋　含有多种营养素，所含的天门冬素与钾有利尿作用，能排出体内多余的水分，有利于排毒。

莲藕　有利尿作用，能促进体内废物快速排出，借此净化血液。莲藕冷热食用皆宜，将莲藕打成汁，可加一点蜂蜜调味直接饮用，也可以小火加温，加一点糖，趁温热时喝。

第二章

运动养生

护颈小招做起来

摇头晃脑　形容自得其乐的样子。做此动作可放松头颈紧绷的神经肌肉。每天抬抬头，晃晃脑，不仅动静结合，也会自得其乐。

左顾右盼　形容向左看看，向右看看。摇头晃脑以后，再配合做几个左顾右盼的动作，可以将颈椎左右方向活动到最大，使得关节更加灵活自由。

东张西望　形容到处看。在左顾右盼后，可以做几个东张西望的小动作。做此动作可以使颈椎在左右、侧方方向进行旋转活动，防止肌肉韧带劳损、关节软骨退化。

瞻前顾后　形容向前望，回头看。向前方抬头看一会，再向身后方看一会，做此动作不仅头颈的活动幅度更大，能最大范围舒展紧张的肌肉和关节，同时也有缓解视疲劳的好处。

抓耳挠腮　形容抓抓耳朵，挠挠腮帮子。中医认为，耳朵周围穴位丰富，有耳门、听宫、听会、翳风、安眠等穴位，耳朵上的穴位与人体相应部位相应，刺激与疾病有关的耳穴可以治病。比如颈椎不好，可在耳朵外下方揪捏揪捏。

应时运动养肺防感冒

现代医学证明，夏秋交接之际，肝胆、呼吸及心脑血管系统疾病的发病概率会增大，要特别注意养护。做一些应时的运动对肺部有益处，可减少初秋高发的一些呼吸系统疾病。

耐寒锻炼　一是有氧运动，如登山、冷空气浴、步行、太极拳、骑自行车、跳舞等。二是冷水洗脸、洗脚、浴鼻等。身体健壮者可用冷水擦身、洗冷水澡等。实践表明，适宜的冷水锻炼对预防伤风、感冒、流鼻涕、支气管炎有一定的效果。但是锻炼时要因人而异、量力而行并持之以恒，不可强力而为。

深吸气　本法有助于锻炼肺部的生理功能。每日睡前或起床前，平卧在床上，以腹部进行深吸气，再吐气，反复做 20 次。呼吸时要缓慢进行。

捶背端坐　此法可以通畅胸气，有预防感冒、健肺养肺的功效。腰背自然直立，两手握成空拳，反捶脊背中央及两侧，各捶 3 遍。捶背时要屏住呼吸，叩齿 10 次，缓缓吞咽津液数次。捶背时要从下向上，再从上到下反复数次。

练下蹲养肺强身

人在蹲着时，膈肌上抬，站起来横膈下降，会加大胸腔和肺的活动范围，增加肺活量，在稳定血压、调整内分泌、促进肺部血液循环、促进人体新陈代谢等方面有积极作用。

下蹲时将两腿分开，略比肩宽；脚尖方向是倒八字形，以脚的第二趾方向为准。下蹲时，膝盖的方向要在第二趾的延长线上。下蹲时躯干要保持笔直状态，臀部向身后撅起。下蹲速度是 5 秒钟 1 次。下蹲时吸气，站起时呼气。锻炼的次数以每天做 30 次为宜。需注意的是，下蹲时不要深蹲，动作也不要过猛，膝关节弯曲的角度可以由大到小，循序渐进。

常做搓手操　防病身体好

冬季常做搓手操，有一定的防病健身作用。

避免冻疮　经常做搓手操，能加速手部血液循环，提高局部温度，促进新陈代谢，增强耐寒能力，可有效预防冻疮发生。

强化功能　做搓手操时，可涉及 30 多个大小关节与 50 多条肌肉，常做可强化双手功能，提高其柔韧性和抗寒性，还有利于延缓双手衰老。

提高脑力　搓手能强化手与脑的通路及神经反射，大脑也会越用越灵。

具体方法：双手掌合拢，十指伸直相互交叉，连续对搓，搓至两手暖烘为止。接着用热的右手掌根揉左手背，再用左手掌根揉右手背，各揉 50 次。对搓两手大鱼际：一只手固定，转另一只手的大鱼际，对着固定手大鱼际进行按揉。分别用左右手的拇指和食指捻搓 10 个手指关节，然后双手反复做握拳放开动作。叩掌心——先伸开左手掌，用右手握空拳叩左手心；反手重复。

手指操健脑益智

做手指体操，能有效延缓脑细胞衰老和脑功能衰退的进程。

第一节：将手指从指尖数的第二个关节直角弯曲。首先，左右手同时做 6 遍。然后，让一只手从食指到小拇指，逐一地直角弯曲第二个关节；同时另一只手的手指按照从小拇指到食指顺序也同时做，做 6 遍。最后，让两根不相邻手指同时弯曲，两手同时做，也是做 6 遍。

第二节：在桌面上设计"十""S""米"字或其他图案，让随意两根手指当脚，沿着设计的图案"散步"6 分钟。

第三节：双手反复做握拳与松开的动作；双脚十趾同时做抓地与松开的动作，做 60 次。

第四节：用左手和右手各进行珠算 30 道题，题目可难可易。

腿常蹬　脑常醒

人到了老年，做做蹬腿运动，可调适精神，解除大脑疲劳，恢复记忆能力。这是因为人的腿部到头部有许多经络、穴位，它们与神经、记忆功能有关。通过蹬腿运动，不仅可活动筋骨，而且能起到推拿、按摩这些穴位的目的。

具体做法：取立姿，手扶桌，腿伸直往后蹬，力度由小到大，以活动腿腰部；然后取坐姿，腿绷直向前蹬踢，以活动踝关节部。左右腿每次 50 下后交换，有解除精神困乏、预防神经衰弱等作用。

也可身体站立，双肩下垂，先将右脚尖踮起，肩、脖、头随即上顶，上下运动，通过对踝、膝、颈椎、头部穴位的摩擦，可舒缓大脑皮层，解除困乏，恢复记忆。

冬天晨练别起太早

唐代著名医学家孙思邈说："冬月不宜清早出夜深归，冒犯寒威。""立冬"后，在生活起居方面，建议早睡晚起、日出而作，保证充足的睡眠，适当睡个懒觉也是可以的。

冬时天地气闭，血气伏藏，人不可劳作汗出。专家指出，"立冬"后，老年人要避免晨练起得太早。许多老年人喜欢天不亮就起床出门晨练，这在冬季是不适宜的。因为冬季早晨气温低，人体交感神经兴奋，引起全身皮肤毛细血管收缩，血液循环阻碍增加，血压容易升高，心肌耗氧量也增加，老人晨练易引发心肌梗死或脑出血等意外情况。

冬季晨练时间可以适当推迟到"见太阳才运动"。户外活动应选择在 9 点半以后到 16 点之前进行，以身体微热最为适宜，不可像春夏锻炼一样大汗淋漓了。

膝盖保养有妙招

中老年人要重视膝盖的保养。平时可以做做直抬腿，练习方法是：卧在床上，双腿自然伸直，在膝关节伸直状态下抬起 15 次，保持这个姿势 5~10 分钟，坚持到颤抖 3 分钟，休息 2 分钟后重复。每天完成 10~20 次即可。此外，闭目单脚站立 10 分钟以上，可以加强对腿的感知和操控能力，增加膝关节处肌肉协调性，防止扭伤及不当动作。

健步走应避免五种错误

健步走是最廉价、最简便的一项健康运动。但健步走如果动作不对，不仅起不到健身作用，还会对身体造成伤害。以下 5 点就是健步走时应该避免的错误：

错误一：腰背不直　不少喜欢健步走的人一开始还能做到抬头挺胸，但是后来慢慢变得"弯腰驼背"，长期下来，肩颈难免酸痛不适，尤其是对于有腰椎疾患的人，更不适合这样健步走。

【如何调整】走路时，身体尽量挺直，颈椎、脊椎成一直线，眼睛不要往上看或者往下看，最好能直视前方。注意肩膀放松，不要刻意保持一种固定的健步走姿势，以免颈肩不适。

错误二：不收小腹　不少人健步走时大口大口地呼吸，这样不但走起来吃力，而且会影响健步走的保健效果，甚至诱发心肺不适。

【如何调整】健步走时不要总是让腹部松弛着，要慢慢收紧小腹，然后随着运动的频率慢慢舒展，这样一收一舒之间就能很好地锻炼腹部肌肉，然后慢慢过渡到腹式呼吸。

错误三：手臂摆动幅度过大　有的人健步走时喜欢晃动手臂，觉得这样做更能增加运动量，让上肢也得到有效锻炼。实际上，健步走时，如果手臂摆动幅度过大，但又不能与步伐保持一致，反而会降低健步走的保健作用，慢慢地人会越走越累，越走越慢，甚至拉伤腿部肌肉，造成韧带慢性劳损。

【如何调整】手臂放松，手腕自然前后摆动。大腿、小腿自然用力，就能走较远且较久，并且不会脚痛。

错误四：负重行走　有些健走者背着双肩包等物品，如果背太重的东西，膝盖承载过重，容易受伤。

【如何调整】健步走最好少带不必要的物品，如果一定要带，也要注意重量控制，以行走时不觉负重吃力为宜。

错误五：不做热身运动　没做热身运动就出发，容易拉伤肌肉。突然停住，血液未回流到头部，也容易头晕。

【如何调整】健步走前要适度热身，慢慢起步，等到足部有些发热，再递增速度。快到终点站时，慢慢减缓速度，不要马上停下来。

踢小腿肚益心脏

小腿肚是人体的"第二颗心脏"，中老年人尤其是心脑血管病人，平时踢踢小腿肚，不仅能使肌肉充分放松，还能够提高心脏供血的能力。

方法：一条腿站立，用另一条腿的脚面依次踢打站立腿的小腿肚子的承筋穴或承山穴。承筋穴在小腿后部肌肉的最高点，承山穴位于小腿后部肌肉的分叉处。这两个穴位都很重要，常按承筋穴可舒筋活络，强健腰膝；常按承山穴可缓解疲劳，祛除体内湿气。

用以上方法交换进行踢打，在踢打的过程中可以用"加速—缓慢—加速"交替进行，从而加强小腿肚肌肉的收缩能力。每次 5~10 分钟即可，每日可进行 3 次踢打，甚至多次踢打。

如何让关节更耐用

腰、膝、肩等部位，一运动就易受伤，来看专家的解释与提示，让它们更"耐用"：

肩部：单手画圈　肩关节扭伤一般是肩关节周围肌肉、肌腱和韧带损伤所致。热身和保暖可保护肩关节。肩关节的局部热身可试试以肩部为圆心做单手画圈动作，这个运动可充分锻炼肩部周围的四块肌肉。

腰部：小燕飞　人们腰部的骨骼会随着年龄增长发生退变，预防腰部损伤最好的办法就是在日常生活中增强腰部肌肉的力量。平时可以多做做"小燕飞"。

跟腱：热身　最易出现跟腱断裂是在打羽毛球和踢足球时。运动前，一定要做好热身，建议进行慢跑，跑到微微出汗后再做一些牵拉。

膝盖：静蹲　如果膝关节长期肿胀和疼痛，表明膝关节已使用过度。常用跑步机的人要注意跑步机的角度不能超过 30 度，坡度越大，膝盖损伤几率越大。预防膝关节损伤，可多做静蹲。

脚踝：弹力带　踝关节肌肉力量太差会在走路时总崴脚。脚踝消肿后应使用弹力带进行抗阻训练。

肘部：矿泉水瓶　对付网球肘重在锻炼前臂肌肉力量。可双手握住装满水的矿泉水瓶，分别以肘关节和腕关节为中心上下抬举。

常做三个动作保护肩关节

肩关节在日常生活中就应该保护，不要突然大幅度活动肩部，同时还应避免空调直吹，以免肩部受凉受风等。可经常做 3 个动作保护肩关节，即耸肩、扩胸、爬墙，以无痛感为前提。一旦出现肩痛的症状，应注意休息、停止运动并改变运动方式，尽量不要把手举过头顶。需要强调的是，肩关节损伤是不可逆的，患者要早诊早治，以免损伤加剧。

此外，在运动前，要做好准备活动。可做几节活动上体和上肢的哑铃操，也可用轻器械做两三组卧推、臂弯举。这样，肌肉和韧带组织达到一定"热度"，就不容易造成损伤。

老人适宜的健身运动

　　散步和爬楼梯　双腿是全身重要的支柱。当人开始衰老时，骨质疏松悄悄袭来，骨头变得脆弱，不但心肺功能减弱，而且全身肌肉也渐渐松弛，弹性和收缩力降低，所以不少老年人行走缓慢，步履艰难，呈现出特有的老年步态，于是，腿脚是否灵活便成了衡量一个人是否衰老的重要指征之一。为了延缓衰老，老年人应尽量多步行，以锻炼腿部和腰背肌肉，改善血液循环，减轻骨质疏松的发生。身体状况较好的老年人可以进行爬楼梯锻炼，但要注意：1. 劳逸结合。每登1~2层后在楼梯平台上稍作休息，待心跳、呼吸平稳后再继续向上爬。2. 登楼时要量力而行，切忌过快或过劳。

　　打太极拳　太极拳是非常受老年人欢迎的一种运动。它动作平缓，简便易掌握，其动中有静，静中有动，刚柔相济，虚实结合。常打太极拳能够强筋骨，利关节，益气，养神，通经脉，行气血，对很多系统的慢性疾病都有辅助治疗的作用。常练可以祛病强身。

　　玩健身球　健身球有山核桃的、象牙的，也有玉石的或不锈钢的。老年人漫步街头，或乘凉聊天时，单手甚至双手练着健身球，潇洒自如，悠闲安适，还能防病治病。

老年人一分钟健身操

如果有效地利用每一分钟，也能取得健康的好效果。一分钟健身操全套共 7 节，只需一分钟就能做完，可起到舒筋活血、健身强体的功效。其方法如下：

眼睛尽量向左、右斜视，各做 6 次，可消除双眼的疲劳感。

直坐，两手紧握椅子后背，双肩尽可能抬高，可防肩周炎。

直坐，双手置脑后，将手掌用力压迫后脑勺数秒钟，可防前额过早出现皱纹。

双肘撑在桌面，手伸开，掌心支撑下颌，做深呼吸，头颈要挺直，下巴用力压迫掌心，可预防颈椎病。

背对桌子站立，用力抬桌子数次。常做能锻炼臂力，健美肩部。

从桌边随意取一件东西，用力紧紧握住。此法可锻炼手臂和胸部肌肉。

坐椅子上，屈膝抬双腿，然后将腿尽量伸直放下。此法可加强腹肌力量，防止大肚子。

生活妙招天天用

老年人室内锻炼三法

平日里，老年人也可以适当选择一些室内运动，同样可以达到增强体质、促进健康的目的。

猫弓腰式伸展　具体做法：全程四肢着地，手与肩膀垂直，膝盖与臀部垂直；需要缓冲的人可在膝盖下面垫上毛巾。起始时背部保持平直，然后将背部向上弯起，臀部保持向下的姿势，坚持此姿势10秒钟；之后扩展胸部，使背部微微向下陷，坚持10秒钟。按此方式上下伸展背部30~60秒。

这项运动可增强脊柱的活动能力，提高身体的稳定性。四肢着地的动作也能锻炼手臂和腿部肌肉。无法四肢着地的人可以用坐姿进行上述背部伸展锻炼。此运动还可作为热身运动，在散步等有氧运动前进行。

单腿站立　具体做法：站在墙边，以防摔倒。初始动作是两腿分开站立，至与髋部同宽的程度，慢慢抬起一只脚，另一腿略微弯曲；依靠腹部肌肉来保持平衡，保持此动作最多 30 秒；然后换另一只脚。

锻炼一段时间后，就可以离开墙的支撑了，初始动作选为两腿并立也能完成了。此时，可以选择一些难度更大的附加动作，如将抬起的一只脚向外伸展或伸到另一腿的膝盖处，也可以闭上眼睛来继续动作。

转体下蹲　具体做法：两腿分开站立，双臂向前平伸，手掌向下，下蹲到坐姿，胸部放松，膝盖不要超出脚趾。有需要的话可以在身下放一把椅子，但是尽量不要坐上去。

下蹲的过程中，将左手向右转，同时上身略微向右转；站起时手臂回到原位；再次下蹲时将右手向左转；如此重复 10~15 次。

这项运动主要是锻炼腿部的大块肌肉；在普通的下蹲基础上，加上一定的旋转可提升难度，同时可以锻炼身体的稳定性。

适合老人的散步法

散步是十分适合老年人的一种健身运动，但也要根据老人的个人体质，选择不同类型的散步方式。

普通散步法　速度以每分钟 60~90 步为宜，每次 20~30 分钟。适合患冠心病、高血压、脑出血后遗症、呼吸系统疾病的老年人。

逍遥散步法　老年人饭后缓步徐行，每次 5~10 分钟，可舒筋骨，平血气，可调节情绪，醒脑养神，增强记忆力。

快速散步法　散步时昂首挺胸，阔步向前，每分钟走 90~120 步，每次 30~40 分钟。适合慢性关节炎、胃肠道疾病恢复期的老年患者。

定量散步法　即按照特定的线路、速度和时间，走完规定的路程。散步时，以平坦路面和爬坡攀高交替进行，做到快慢结合。对锻炼老年人的心肺功能大有益处。

摆臂散步法　散步时，两臂随步伐节奏做较大幅度摆动，每分钟 60~90 步。可防治肩周炎、肺气肿、胸闷及老年慢性支气管炎。

倒退散步法　散步时双手叉腰，两膝挺直，先向后退，再向前各走 100 步，如此反复多遍，以不觉疲劳为宜。可防治老年人腰腿痛、胃肠功能紊乱等症，但切忌路面要平坦，以防跌倒摔伤。

三类运动健康过秋天

倒走 保持机能平衡。 寒露时节，运动健身的关键是保持机体各项机能的平衡。倒走时要面朝前方，可有效刺激大脑，同时使关节和肌肉得到充分运动。长期坚持，可防治腰酸腿痛、抽筋、关节炎等疾病。

护发按摩操 改善毛囊的营养，防治脱发。用双手十指自前发髻向后发髻，做梳理动作 20 次。五指捏拢，沿头顶中线由前向后做敲啄动作，然后在头顶中线两侧约 3 厘米处，依次由前向后做敲啄动作。最后头顶中线两侧约 6 厘米处，依次由前向后做敲啄动作，反复 5 遍。五指张开，用指腹在头皮上由前向后捏揉 2 分钟。

太极拳 养阴收气，增强肺功能。 太极拳动作轻松柔，连贯协调，配合呼吸、运气。练习太极拳要求做细、匀、长缓的腹式呼吸，神意内守，以静御动，内外合一，阴阳相贯。

倒着走有诀窍

倒着走改变了平时一成不变的走路方式，使得参与运动的肌肉在用力习惯和顺序上发生改变，可锻炼小脑功能，提高平衡性和协调能力。倒着走的方向和方式都与正着走不同，如果方法不对反而伤身。因此，倒着走应注意以下几点：

掌握姿势　倒着走时，不要穿带跟的鞋，尽量选择人少、道路平坦的地段，用眼睛余光观察周围是否有人或障碍物，避免摔倒。要掌握好重心，步幅大小和快慢根据自身条件而定，时间以 15~20 分钟为宜。倒着走时，膝盖尽量不要弯曲，双手可自然摆动。运动量以感觉有点累、身体微微出汗和气喘为度。

与慢跑或快走交替进行，效果最好　锻炼时，单纯的倒着走过于单一，难以达到正向走的速度，所以强度不会太大，健身效果不太理想。建议在进行慢跑或快走时，适当进行倒着走锻炼作为调剂，一方面能锻炼平衡性，另一方面也是一种放松。

有的人不适合倒着走　倒着走频率慢，运动强度不大，对体力要求也不高，比较适合不宜做剧烈运动的人。但这种运动对人的平衡性、协调性和反应能力等要求相对较高，平衡性差、患有骨质疏松的老人尽量少倒着走，以免发生危险。

赤脚锻炼好处多

赤脚锻炼好处很多：一是可强化足部最小的肌群——足内在肌，使足部肌肉及韧带坚强有力，富有弹性；二是赤脚锻炼时 5 个脚趾能够自由分离、运动，还能让脚心得到有效刺激，提高人体平衡能力；三是赤脚锻炼更有助于降低关节压力。

两腿分开下压可以"补"肝肾

坐下，两腿伸直分开，脚尖回勾，双手抓住脚趾，身体慢慢往下压。就这么一个简单的动作，即可以轻松地大补肝肾。

因为大腿内侧分布的是肝肾经，肝藏血，肾藏经，将两腿分开向下压，可以拉伸肝肾经，补益肝肾，为身体养血蓄精。但是要注意，不要用蛮力。只有觉得舒服了，才会有补益的效果。因此，练习时不用刻意追求身体贴着腿的感觉，只要腿后的大筋有拉伸感就可以。

每天坚持两万步是对还是错

"每天两万步，健康又长寿"，这是现在比较流行的一句话。很多人喜欢进行走步运动，专家表示，想要走出健康，强度是关键因素之一，步行频率应在每分钟120~140步的健步走，它的速度和运动量介于快步走与竞走之间，更适合将走步当作锻炼的人群。很多人在健步走时容易犯两种错误：低头或头抬得过高导致身体后仰。这两种姿势都可能导致身体失去平衡，让背部下方肌肉受到过大压力，从而造成拉伤和疼痛。

中国营养学会推荐：成年人每天进行累计相当于6000步以上的身体活动。因此，每天6000步是走路最健康的步数。当然，这个步数也是以步速为100步/分钟为前提。

步行健身最好选择在清晨或晚饭后1个小时（老年人适宜在上午和下午），而最佳的锻炼时间是上午8~10点。每天坚持运动30~60分钟，坚持若干时间以后，心脏不良事件发生率显著降低。

过量地走路会加重关节负担，同时使原有的轻微损伤加重。人体60%的体重都是由膝关节内侧支撑的，而膝关节内侧的半月板非常容易劳损，过量活动甚至会使劳损的半月板撕裂。过量走路或上下坡还会加重髌骨关节的压力，髌骨软骨在长时间摩擦之后非常容易出现问题。

持续过量运动会引起关节疼痛，严重的有可能会引发关节炎、足底筋膜炎、跟腱炎、骨膜炎、髋关节滑膜炎等，尤其对膝关节和踝关节的损伤比较大。

因此，跟任何一项运动一样，走路也存在风险，每天走路不宜超过 2 万步。

怎么散步提高骨密度

加快步速　散步时尝试"间歇走"，即散步时注意加入 3~5 次各 2 分钟的快步走，速度以无法与他人对话为宜。每次快走后，要持续 1~2 分钟的缓步走。如此交替循环。

横着走　一项研究成果显示，横着走与高冲击力的运动一样，能增加骨密度。专家建议，散步 3~5 分钟之后，再花 30 秒用脚后跟（或前脚掌）横着走。

连续跳跃 20 下　一项研究发现，25~50 岁的女性如果连续跳跃 20 下，每天 2 次，仅 4 个月后其髋部密度就会明显增加。建议散步时在手机上设置定时器，每散步 5~10 分钟，就要跳 30 秒或休息 30 秒，然后继续散步、再跳跃，如此反复。跳跃前，双脚并拢，双膝弯曲，双臂向后摆动，利用爆发力向上跳起。

爬楼梯或陡峭的小山　比起在平地走路，快步上下楼梯和爬陡峭的小山更能锻炼骨骼的强度。若经常散步的周边有很多小斜坡，那就"不走寻常路"，找 2~3 个坡度适中的斜坡，或在大型建筑物外的楼梯附近，花 2 分钟爬个坡或楼梯。一段时间后，骨密度就会有所改善。

散步健身有技巧

"百炼走为先。"散步是世界公认的科学健身方法，世界卫生组织早就有"最好的运动是步行"之说。想要达到理想的锻炼效果，走路技巧不可忽略。

首先，要遵循科学散步"三五七"原则。"三"指每次散步 30 分钟，行程 3 公里；"五"指每周运动 5 次；"七"指运动时心率加年龄为 170 次 / 分钟。

其次，走路时要有正确的姿势。头要正，目要平，躯干自然伸直。这种姿势有利于气血运行。步行时身体重心前移，呼气时稍用力，吸气时要自然。速度以每分钟走 80 米左右，健身的效果最明显。

最后，要选择适合自己的散步方式。体弱者要甩开胳膊大步跨，走得太慢则达不到强身健体的目的，只有步子大，胳膊甩开，才能促进新陈代谢；肥胖者要长距离疾步走，步行速度快些，可使血液内的游离脂肪酸充分燃烧，从而减轻体重；失眠者要在晚上缓行半小时，休息 15 分钟后再睡觉，有较好的镇静催眠效果；高血压患者要脚掌着地，不要后脚跟先落地，否则会使大脑不停地振动，容易引起头晕；冠心病患者要在餐后 1 小时慢步走，以免诱发心绞痛，长期坚持有助于改善心肌代谢，并减轻血管硬化；轻微认知障碍的人应该反臂背向散步，即把两手背在后腰命门穴，缓步倒退 50 步，然后再向前行 100 步，一倒一前反复走 5~10 次；有胃肠病的人可以采用摩腹散步法，即步行时两手旋转按摩腹部，每分钟走 30~60 步，每走一步按摩一周，顺时针和逆时针交替进行，每次散步时间 3~5 分钟。

需要提醒的是，由于每个人的心肺功能不一样，散步时要根据身体的承受能力，加快或减慢行走速度。一且出现胸闷、心慌、头晕等情况，就应该停下来歇一歇。

常动脚寿命长

晒脚　脱掉鞋袜，将两脚心朝向太阳晒 20~30 分钟，即"脚心日光浴"，可促进全身代谢，加快血液循环。体质虚弱的中老年人与孩子最为适宜。

烘脚　将 100 克中药川乌（或草乌）、10 克樟脑研为细末，用醋调制成弹丸大小，粘于脚心，再放到微火上烘烤（温度以人能耐受为度），同时用衣被围住身体，直至出汗。此法对脚部肌肉疲劳与关节风湿疼痛有特效。

捶脚　用一根棒槌轻轻捶击脚心，每次 50~100 下，使之产生酸、麻、热、胀的感觉，左右脚各做一遍。通过捶击刺激脚底神经末梢，促进血液循环。

晃脚　取仰卧位，两脚抬起悬空，然后摇晃两脚，最后像蹬自行车那样有节奏地转动，每次做 5~6 分钟。可活跃全身血液循环，解除疲乏感。

第三章

保健须知

久坐时"猛起"很要命

久坐时猛起身,是一个危险"杀手",容易引起血栓、栓塞等。

人若长时间保持同一姿势坐立,下肢肌肉收缩活动相对减少,导致血液的流速减慢,血液黏稠度增高,就为深静脉血栓的形成创造了条件。如果此时再猛然活动,如猛地起身、大幅度摆动胳膊等,很容易牵动不稳定的血栓,使之脱落造成血栓栓塞,引起相应部位的缺血、缺氧等症状。

另外,长时间同一姿势后突然变换体位,还很容易造成血压波动,出现"体位性低血压",使心脑等器官供血不足,严重时出现心悸、头晕、头痛,甚至反复晕厥或诱发脑中风。

对中老年人和心脑血管疾病患者来说,由于血管柔韧度较差,久坐后猛然牵拉,还可能"撕裂"血管,诱发"主动脉夹层"等严重后果。如抢救不及时,其死亡率达到30%~40%。

长时间坐卧者,最好每隔1~2小时起身活动一会儿,慢慢伸个懒腰、甩甩胳膊等,或者通过绷脚尖、跷脚趾等，活动踝关节。一旦起身后，出现胸闷憋气、呼吸急促、剧烈胸痛等症状时，要立即就医。

按摩"暖身"穴　冬天不怕冷

冬天手脚冰凉成为不少人的"常态"。中医认为，脾主四肢，脾阳不足，气血亏虚，久而肾阳虚衰，都可引起手脚冰凉的症状，在寒冷季节尤其明显。此时，可通过按摩穴位来"暖身"。

阳池穴在人的手背手腕上，在腕背横纹中，当指伸肌腱的尺侧缘凹陷处。阳池穴是支配全身血液循环及荷尔蒙分泌的重要穴位，可主治女性手脚冰凉。

另外，按揉涌泉穴、气冲穴，拍打肾俞穴也有一定的作用。涌泉穴为全身俞穴的最下部，乃是肾经的首穴。气冲穴在腹股沟稍上方，当脐中下5寸，距前正中线2寸。坚持按摩、击打、照射肾俞穴，增加肾脏的血流量，有助于改善肾功能。

按摩这些穴位时应注意哪些方面呢？刺激阳池穴，要慢慢地进行，时间要长，力度要缓。最好是两手齐用，先以一只手的中指按压另一手的阳池穴，再换过来用另一只手的中指按压这只手上的阳池穴。这种姿势可以自然地使力量由中指传到阳池穴内；推搓涌泉穴俗称"搓脚心"，每日临睡前，坐于床边垂足解衣，闭气，舌抵上腭，目视头顶，两手摩擦双肾俞穴，每次 10~15 分钟。每日散步时，双手握空拳，边走边击打双肾俞穴，每次击打 30~50 次。或双掌摩擦至热后，将掌心贴于肾俞穴，如此反复 3~5 分钟，或直接用手指按揉肾俞穴，至出现酸胀感，且腰部微微发热。

中药渣"变废为宝"有妙用

大部分人都会将熬过的中药渣丢弃，其实，将中药渣进一步合理利用，会产生很多意想不到的作用，倒掉实在有点可惜。中药饮片经过煎煮后，还会有残余药性。

熏洗　将药渣加水 1000 毫升左右，煎煮 15~20 分钟，放置稍凉后加适量白酒和醋，利用其蒸汽来熏洗疼痛、肿胀的部位，能起到消肿止痛的作用。

热敷　将药渣加白酒、白醋各 100 克，拌匀后用纱布包好备用。使用前先将疼痛、肿胀部位垫上一层毛巾，再用包好的药渣进行热敷、湿敷。

烫熨　将药渣过滤晾干后，加粗盐 500 克，用锅炒热或者用微波炉加热，再用布包起来，外敷身体疼痛、肿胀、不适的地方，可以起到舒筋活络、祛湿止痛、活血化瘀的作用。

做药枕　将煎煮过的药渣晾晒烘干后，加些干陈皮，用纱布包起，做成枕头或放在枕头下面，可以起到安神助眠的作用。

洗手泡脚　将药渣加水 1500 毫升，再煎煮 15~20 分钟，也可另加花椒、艾叶各一小把一起煎煮，药液放温后加入少许白酒、醋、食盐，洗手泡脚，可以美白皮肤，有效去除脚臭。

不过，在利用药渣外用的过程中，还有几点需要注意的地方：泡脚最好在睡前操作，不要在饭后半小时内进行。其次，熏洗、热敷、烫熨和泡脚时间不宜过长，以 15~30 分钟为宜，尤其是高血压及老年人。

别给宝宝用热水泡脚

很多宝妈会常常在临睡前给宝宝用热水泡脚，其实这种做法是不对的。

脚部结构复杂，在幼儿期，宝宝的足弓还没有形成，骨头和关节很有弹性，足底堆积的脂肪也会使足弓不明显，所以当宝宝站立时足底比较平，而这种"平"足会一直延续到6岁，直到宝宝的脚钙化定型，足弓才会显现。常用高温热水给宝宝洗脚或烫脚，足底韧带会遇热变松弛，不利于足弓发育和维持，而足弓发育不良不仅容易造成脚部畸形，还可能使脊柱的生理弯曲发生变形，严重时会使大脑、心脏、腹腔的正常发育受到影响。

冬天应适当开窗通风

寒冷的冬天，是否因为怕冷而不愿意开窗？是否因为雾霾天而紧闭门窗？专家提醒，冬天不可以整天紧关门窗在屋内享受暖气，如果通风不良，呼出的气体滞留室内，加上在室内活动扬起的灰尘也会在空中累积，长时间呼吸这样的空气，容易患上呼吸道疾病。寒冷的冬季应每天开窗通风，最好早、中、晚各1次，每次15~20分钟。城市大气环境中昼夜有两个污染高峰和两个相对清洁的低谷。两个污染高峰一般在日出前后和傍晚，因此，开窗时间段以上午9~11点或下午2~4点为佳。即便是在雾霾天也要开窗换气，可以把每个房间的窗户开个小缝来通风。一般来说，每天下午 1~4 点，大气扩散条件比较好，污染物浓度较低，是最佳通风换气的时间段。老人和孩子在开窗前最好加些衣服，以免开窗后因室温突降而患病。开窗时，可以只开一个小缝，产生空气对流即可。如果有感冒患者在家，则要慎重开窗。要注意的是，室内温度不要因开窗而降到 16℃以下，最好控制在 16~22℃。

如何锻炼肺功能

住在医院胸外科的病人，都会被要求进行肺功能锻炼。专家介绍了一套锻炼肺功能的方法，尤其适用于围术期患者的肺功能康复。健康人或肺功能较差的人也可进行选择性锻炼。

腹式缩唇方法训练　胸部不动，吸气时闭嘴用鼻吸气，吸气末屏气数秒，吸气时腹部隆起，呼气时腹部凹陷，呼气时嘴唇成吹口哨状。选择站式或坐式皆可。

有效咳嗽咳痰　深吸一口气后屏气 3~5 秒，在胸腔内进行两三次短促有力的咳嗽，然后进行一次深咳，张口咳出痰液。

吹气球　慢慢用鼻深吸一口气，屏气大约 1 秒后对着气球口吹气，直到吹不动为止，每天 3 次，每次 10 分钟。需要强调的是，吹气球不在于吹得快，也不在于吹得多，只要尽量把气吹出，每天有进步即可。

吹泡泡　慢慢用鼻深吸一口气，屏气约 1 秒后对着吸管口慢慢吹，直到吹不动为止。每天 2~3 次，每次 5~10 分钟。

登楼梯　登楼梯要量力而行，循序渐进，切不可操之过急。

冬季居室莫忘加湿

冬天气候干燥，使用煤炉、暖气、空调等各种取暖器，在产热的同时犹如用火烤空气，使环境中相对湿度大大下降，空气更为干燥，许多人就会出现鼻咽干燥、嘴唇干裂、咽干声嘶、口苦干咳、肌肤干燥、呼吸不顺畅，甚至情绪烦躁等表现。有的人还会出现头晕眼花、出汗、血黏度增高、血压改变、尿量减少、软弱无力、流鼻血的现象，这都是室内过于干燥引起的。

人体在室内感觉舒适的最佳相对湿度是49%~51%，相对湿度过低或过高，都会让人体产生不适。空气干燥时，流感病毒和引发感染的革兰氏阳性菌的繁殖速度加快，容易随着空气中的灰尘扩散，从而引发疾病。由于湿度低，人体表皮水分大量散失，导致人的皮肤弹性下降，加速皮肤衰老，出现表皮粗糙、细胞脱落等现象，在一定程度上降低了皮肤抵抗病菌的能力，就很容易引发感冒等疾病。

因此，在寒冷的冬季应注意调节室内的湿度。最好有一只湿度计，如相对湿度低了，可向地上洒些水，或用湿拖把拖地板，或者在取暖器周围放盆水，以增加湿度；如果湿度太高，则可开窗通风，或用换气扇将室内潮湿空气排到室外，以降低室内湿度。此外，如在居室内养上水仙花、吊兰、绿萝等绿色植物，不但能调节室内相对湿度，还会使居室显得生机勃勃和春意融融。

冬季泡脚加点中药更养生

加点生姜　生姜有祛寒解表的作用，可改善局部血液循环和新陈代谢，怕冷、容易手脚冰凉的人可以用生姜泡脚。取 15~30 克生姜，将其拍扁，放入锅中，加入小半锅水，煮上 10 分钟左右。煮好后，将全部姜水倒出，加入适量冷水至 40℃ 左右，水要没过踝部。

加点艾草　艾草具有温肺逐湿寒的作用，用艾草泡脚还能够改善肺功能，对于患有慢性支气管炎的人很有好处。取 30~50 克干艾草煮水泡脚，方法与前面（生姜）相同。用艾草泡脚，每周 2~3 次即可，发热和患有低血压、糖尿病的人，要在医师指导下使用。

加点红花　红花具有活血通经、祛瘀止痛的作用，对冬季易生冻疮和皮肤皲裂的人有很好的预防作用。方法：取红花 10~15 克（约一小撮），煮法同前，煮后加适量热水泡脚。

大雾降温天防护"三法则"

大风降温天气对于老年人，尤其是有心脑血管疾病的老年人，如何做好防护，避免加重病情，专家表示要做到以下 3 个法则：

上段要紧：口罩围巾不能少　人体热量大部分从头颈部散发。颈部受寒可能引发血管收缩和颈部肌肉痉挛，所以出门一定要戴围巾或穿高领衫，尤其不要让脖颈暴露在外。出门最好戴上口罩，不仅可以保暖，而且因为大风天尘土飞扬，呼吸道抵抗力下降，容易被病菌侵袭。

每到大风降温天都会有不少面瘫患者，主要是因为面部神经受到寒冷刺激造成神经组织缺血水肿。最好的预防方法就是全副武装，戴上口罩、围巾、帽子，保暖挡风。

中段要燥：内贴中松外收口　很多人认为天冷风大就多穿点，可是裹得厚厚的既笨重也不一定暖和。其实，大风降温天穿衣服最好分层穿，有个口诀：内贴中松外收口。

内衣最好柔软贴身，有助于增加保温性。中层的衣服吸湿性要强，不要过紧，保持干燥，否则不但不利于保暖，还会减弱抗寒能力。外套一定要防风，最好在领口、袖口、腰部、脚踝处有收口的设计，可以防止冷空气乘虚而入，造成热量散发。

下段要松：鞋袜最好稍大点　冬天的鞋袜可以适当穿宽松一点。冷天人体毛细血管处于收缩状态，如果鞋袜过紧，压迫脚部，会影响脚部的血液循环，使脚变得更冷。很多女性穿过紧的靴子反而会冻脚就是这个道理。

鞋子的尺码选择稍大些的，最好能垫一双棉鞋垫，脚部活动还有些空间。另外，鞋底最好稍高些，这样可以隔开冰冷的地面。

对付大雾：多待在室内　雾天的时候最好不要出去，待在室内比较好。雾天没有风，空气不流通，原本悬浮在空气中的污染物，会趁机进入人体的呼吸道。一些有慢性呼吸道疾病的人就会引起反应，尤其是哮喘、支气管炎、肺心病患者更要注意雾天的健康问题。

另外，雾天肌肉较紧张，易出现肌肉劳损，一些原本就腰肌劳损、颈肌劳损的人易旧病复发，要避免在室外待太长时间。雾天出去时做好防护，要戴口罩，到室内立刻清洁皮肤，用温和的洗面奶洗脸。雾天空气中的污染物对皮肤的影响较大。因此，从外面回来一定要做好清洁工作。

四种不良生活方式伤害膀胱

生活中，很多人都有憋尿的经历。实际上，膀胱比我们想象得脆弱，一些坏习惯会让它生病。

通常来说，正常成年人的膀胱容量平均为 350~500

毫升，超过 500 毫升时，会因膀胱张力过大而引发疼痛。女性的膀胱容量一般小于男性；新生儿膀胱容量很小，约为成人的 1/10。经常憋尿，使膀胱一直处于充盈的状态，严重增加肌肉负荷，会导致膀胱括约肌的功能减退，久而久之会出现尿频、尿失禁、尿无力，或是憋出了膀胱炎。膀胱一旦发炎，有可能逆行到肾脏，引起肾炎。

除了憋尿，以下一些不良生活方式也会伤害膀胱：

不讲卫生　不重视个人卫生，不爱清洗、不勤换内裤、用不干净的毛巾等，极易使细菌入侵到泌尿系统，对脆弱的膀胱造成危害。女性的尿道比较短，又直又宽，细菌极易入侵造成泌尿系统感染。特别是经期，女性应该特别重视个人卫生。

久坐不动，喝水少　运动减少，身体的新陈代谢就会缓慢；再加上喝水少，细菌无法及时排出体外，容易导致膀胱发炎，尤其是免疫力较弱的人群更容易发病。

吸烟　吸烟是目前最为肯定的膀胱癌致病危险因素。研究发现，吸烟可使膀胱癌危险率增加 2~6 倍。随着吸烟时间的延长，膀胱癌的发病率也明显增高。

高血糖　神经源性膀胱是糖尿病的一个并发症，此病易导致肾积水、肾盂肾炎，甚至尿毒症，因此糖尿病患者要控制好自己的血糖。

睡前梳头助眠排毒

梳头不仅可以预防失眠，还可以有效地提高身体免疫力，排除毒素。如果有失眠困扰的患者，可以每晚睡前用木梳梳头 5~10 分钟。中医认为，头为"诸阳之首"，梳头等于"拿五经"，可以刺激头部穴位，起到疏通头皮经络、改善血液循环、促进新陈代谢的作用。要想起到保健的作用，应长期坚持并且每次梳头应不少于3 分钟。

晚捶背好睡

由于黑色素分泌不足，加上睡眠环境等原因的影响，很多老年人都有失眠症状。不妨试一试晚上捶背法，即睡前捶背，就能有效改善睡眠。

捶背通常有拍法和击法两种，均沿着脊柱两侧进行。拍法用虚掌，击法用虚拳，通过压缩空气而产生震动力；手法均宜轻不宜重，两侧掌根、掌侧同时用力，节奏均匀，着力富有弹性。可自上而下或自下而上轻拍轻叩，速度以每分钟 60~80 下为宜，每次捶背时间以 20 分钟为限。

· 需要提醒的是，患有严重心脏病、尚未明确诊断的脊椎病人，则不要捶背，以免加重病情或引发意外。

此外，由于老人失眠多有气血不足的情况，也可在捶背时按摩背部的督脉。督脉在人体脊柱的正中间，按摩督脉能够起到调阴阳、理气血和通经络的作用。

保护好身体内的七种"润滑液"

眼睛干涩、关节僵硬、消化不良、夜尿增多……出现这些情况，很多人通常会感慨"年纪大了"。其实，你可能没想到，这与体内滑液、黏液等液体减少有关。不管是泪液、汗液，还是唾液、消化液，都是人体运转的"生命之水"，发挥着代谢、排毒等重要作用，护好它们就能为健康加分。

眼泪：身心排毒的"清道夫" 专家发现，人在哭泣后，负面情绪可降低 40%。

专家建议：减少用眼，避免长时间看电脑、电视或驾驶汽车。哭之有度，最好控制在 15 分钟内，并尽量轻声啜泣。适量使用润眼液，长期滴用某些眼药，可能导致干眼症。不要长时间待在空调房中，刮风天应避免长时间置身户外。

汗液：人体自带的"调温器"　出汗是人的正常生理反应，也是维持体温恒定的重要环节。汗腺如果不正常，人就容易发高烧，还可能造成心、脑、肝、肾及血液系统受损。

专家建议：1. 食用生姜：在空调环境上班的人，可以坚持喝生姜水，能促进排汗。2. 经常泡澡：在 40℃左右的水温下泡澡或泡脚，有利于身体排汗、缓解疲劳。也可以将热毛巾贴在膝盖上，让身体自发生热，能有效促进排汗。3. 运动前喝热水，让毛孔进入将开未开的状态，便于毛孔在运动时全部打开。

唾液：口腔天然的"消毒剂"　唾液是一种天然的口腔消毒剂，能够保持牙龈健康，清洗食物颗粒，预防龋齿等。

专家建议：口干无津时，应及时喝水，最好喝凉白开或柠檬水。可适当吃些山楂、梅子等易于生津的食物，但患有脾胃疾病的人要少吃。每日清晨，用舌尖舔动上腭，待口内唾液聚满，分数次咽下。鼓腮能帮助分泌大量唾液，并能促进消化。

尿液：身体健康的"晴雨表"　正常的尿液是清晰的淡黄色液体，当尿液颜色突然变化时，可能就是疾病在预警了。

专家建议：勤喝水，一般每天饮水 2000 毫升左右。不憋尿，经常憋尿易诱发肾脏疾病、前列腺疾病等。改善不良生活习惯，避免久坐和吃刺激性食物。

精液：生育能力的"度量仪"　精液质量是评估男性生育能力的基石，正常男性的精液是灰白色或稍带点土黄色。如果颜色发生变化，可能是一些疾病引起的，需要就医。

专家建议：减少使用电脑、手机等，有利于保护精液质量。拒绝含膨化剂食品，防止肥胖造成的生殖能力下降。按时作息，以防内分泌紊乱影响性激素分泌。男性要尽量选择宽松、纯棉的内裤，最好每天更换清洗。

血液：营养废物的"搬运工"　血液流遍全身，能接收人体燃料和氧气，还能排出废物。如果血流动力不足，血液"供应"跟不上，就会引发健康问题。

专家建议：饮食上避免摄入过多高油、高糖、高盐的食物。注意控制体重，避免肥胖。及时戒烟，避免烟草中的有害物质进入血管，干扰血液脂肪代谢。合理限酒，过量饮酒易导致肝细胞受损，使血液中的转氨酶升高。

消化液：促助消化的"担当者" 消化液是指消化器官分泌的辅助消化的液体，包括胃液、胰液、胆汁等。它能有效促进消化，维持人体所需的营养等。

专家建议：少食多餐，最好每隔 3 小时左右进餐。每顿最好只吃七八分饱，加餐不要过多。饭前适当喝几口汤或水，可促进消化液分泌，但也不可过多。

吃对"红绿"解秋乏

秋高气爽好时节，天气凉爽了，很多人却神困体乏、懒言少动，其实，这是典型的"秋乏"。专家介绍，除睡眠足、勤泡脚等方法，还可以通过以下饮食调节，把秋乏"吃"掉：

多喝绿 夏季湿热，出汗多，我们会及时补充水分，而秋天凉爽，就不怎么喝水了。其实这是个误区。秋季气候干燥，人体会流失很多水分，但表面感觉不到，即隐性出汗增加，若不注意及时补充水分，则会产生体乏、精神差的症状。茶为"万病之药"，可祛脂、瘦身，缓解肥甘厚味所致的不适。绿茶的茶多酚含量高，有提神清心、消食化痰等作用。如胃寒，可改喝红茶。每天最少喝1200毫升（两塑料瓶）的水，以满足身体代谢的需要。

多吃红　很多人之所以乏困，是因为夏季贪凉，伤着脾胃了。建议大家多吃红色食物，对脾胃虚弱而导致的倦怠乏力者尤为适宜。如红枣，品质好的可生吃，也可加入粥和汤中。给大家推荐一款解乏饮品——大枣银耳雪梨汤。大枣补益气血，银耳滋阴润肺，而雪梨有生津润燥之功效，三者配搭有缓解秋燥之效。

六招防治秋天困乏

秋天里，你是否感到疲惫、乏力、想睡觉？嗯，没错，这就是"春困秋乏"中的"秋乏"。可能有人会问："为啥会有'秋乏'？"专家介绍，除了部分是因为睡眠不足导致之外，更多的是因为人体自身对夏天过度消耗的自我补偿，是一种正常的生理现象。可以从以下几个方面来对付"秋乏"：

调节情绪，消除伤感 俗话说："伤春悲秋。"秋天万物凋零，是一个很容易让人产生萧索之意的季节。专家建议，此时要多与朋友聚会聊天，趁着秋高气爽的天气出去逛逛公园、游览山水，有助于不良情绪的发泄，避免悲意的产生。多笑、常笑、开口笑，还能保养肺气。当然，如果自己无法调节情绪，还需寻求心理医生的帮助。

充足睡眠，早睡早起 《黄帝内经》中说："秋三月……早卧早起。"在秋天，睡眠上应该做到睡得早、起得早，即每晚最好在10：30上床，顺应人体养阴藏神的需要，使第二天保持精力充沛，也开始做好保养阳气的准备，符合"秋冬养阴"的养生原则。中午有条件的最好睡一觉，无条件的也要在座椅上闭眼静养15分钟。

适当运动，对抗疲乏 适当的运动是对抗疲乏的有力武器，散步、慢跑都是不错的选择，但是要根据自己日常的运动量来调整。如果平常运动较少的应该从轻量的运动开始，逐渐过渡到有氧运动，如果超出了自身的耐受能力，反而会增加疲劳感。

常梳头发，头脑清醒 专家表示，头部是穴位比较密集的地方，常梳头发不仅有助于促进局部的血液循环，同时也有疏通经络、按摩穴位的作用。有空的时候可以试试五指梳。这在中医推拿功法里有一招叫作"拿五经"，即用五指分别点按头部中间的督脉及两旁的膀胱经、胆经，左右相加共 5 条经脉，每次梳头就是在梳五经。每次大概 3 分钟就能达到效果。

补充水分，防止干燥 "秋燥"也是秋天很容易出现的问题，人体也容易因为缺水而导致疲乏，因而每天补充足够的水分是十分必需的。也可以泡些西洋参茶，起到养阴提神的作用。另外，也可以配合多吃一些滋阴润燥的食物，如蜂蜜、百合、雪耳、沙参、玉竹等。同时也要尽量少吃葱、姜、蒜、辣椒等辛味的食品和油炸、酒及干燥的膨化食品等。

饮食有节，多吃蔬果 在饮食上，无论过多、过少都会导致疲乏犯困。吃得过多会导致血液多集中在消化道，使大脑的血液供应不足。吃得少，脑部的营养供应更不足。所以饮食要做到有节制，三餐定时，蔬菜和水果要多吃，因为它们的代谢物能中和肌肉疲劳时产生的酸性物质，使人消除疲劳。绿色高纤维蔬菜更可以保证脑细胞获得充足的氧气，让人精神抖擞。

秋燥秋乏不妨用点西洋参

秋雨连绵，一场秋雨过后，秋意渐浓。每到秋天，我们身体都会有一些不适应，容易出现虚烦燥火、皮肤干燥、口干口渴、鼻腔出血等"燥象"，也会出现神疲倦怠、食欲不振、睡意连绵、哈欠不断等"乏象"。显然这是"秋燥""秋乏"上身的表现。面对秋燥、秋乏，我们该如何应对呢？除了每天保证充足的水分摄入和健康的饮食起居，不妨用点西洋参。

众所周知，参类多温热，补气往往生火，而唯独西洋参入心、肺、肾经，性凉、味甘、微苦，能补气养阴，清热生津，质优者微微一嚼，就能嘴里滋润，可算秋季进补、祛燥解乏的上品。

西洋参祛燥解乏主要表现在 3 个方面：

养心　中医认为，心主血脉，现代药理表明常服西洋参可抗心律失常，抗心肌缺血，抗心肌氧化，强化心肌收缩能力，保证了气血运行通畅，使人精力充沛，自然有助于缓解秋季的神疲、倦怠、乏力的现象。

养神　西洋参富含人参皂甙，可有效增强中枢神经，从而达到静心凝神、消除疲劳、增强记忆力等作用，可适用于失眠、烦躁、记忆力衰退及老年痴呆等症状。

养肺　肺为娇脏，喜润而恶燥。西洋参滋阴能力强，且滋而不腻，在补肺气的同时还能养肺阴，清肺火。中医认为，肺主皮，其华在毛，西洋参滋阴生津润肺的同时，还能使皮肤光滑。

秋季养生四调养

秋季养生必须遵循秋天的特点，通过调养精神、饮食、起居，来适应秋天的气候变化，以达到保养精神和元气。

秋季昼夜温差大，"春夏养阳、秋冬养阴"指出秋季应遵循的养生准则。秋宜养肺，从五脏来讲，肺为阳中之阴，不耐寒热。养生者应当早睡早起，使肺气清降，避免秋天肃杀之气的侵害。

精神调养：收敛神气　秋季气候干燥，一些人常会产生烦躁等情绪。这时，人们应保持神志安宁，收敛神气，以适应秋天容平之气。

起居调养：早睡早起　秋季起居调摄应与气候相适应。早睡以敛肺气，符合"养收之道"。循序渐进地练习"秋冻"，加强御寒锻炼，增强机体适应自然气候变化的抗寒能力，有利于预防呼吸道感染性疾病的发生。

饮食调养："养阴防燥" 秋季饮食调养应遵循"养阴防燥"的原则，要多吃些滋阴润燥的食物，如银耳、甘蔗、燕窝、梨、芝麻、藕等。秋天要少食辛味食物，多吃些酸味食物，以收敛肺气，如苹果、石榴、葡萄、山楂等。秋天是需要进补的季节，可以吃点脂肪含量低的鱼肉，有降糖、护心和防癌的作用。

运动调养：不宜过猛 秋季运动不宜过于猛烈。登山可增强体质，提高肌肉的耐受力和神经系统的灵敏性。患有神经衰弱、慢性胃炎、高血压、冠心病、气管炎、盆腔炎等慢性疾病的病人，在进行药物治疗的同时，配合适当的登高锻炼，可提高治疗效果。秋天经常按摩太溪、三阴交和照海 3 个穴位保健效果好，有养阴生津、改善体质的功效。

寒露过后做好三防能强身

防湿寒之气 寒露节气，湿寒之气愈加明显，养生重点应是做好防寒邪之气的事项。另外，秋季宜养阴，当气候逐渐变冷时，人体内的阳气逐渐收敛，阴精潜藏在体内，此时一定要注重养阴精。

很多疾病的产生都和人体内的湿寒之气有重要联系，人体内的湿气加重，便易诱发风湿性关节炎、心脑血管疾病、妇科疾病等一系列疾病。

此外，脚部是寒气入体的重要部位，在寒露节气中，一定要做好脚部保暖，不要再光脚走在地板上或穿凉拖鞋，还应根据气温及时增添衣服。

防干燥　寒露节气当令，其中"燥"便是最大的一个特点，而中医认为，燥易伤身，其中对肺、胃所造成的损害是最为严重的。寒露节气中，人们身体中的汗液蒸发的速度会更快，肌肤也会因为缺水而变得干燥、脱皮。在寒露节气中一定要做好防燥、养阴的事项。

此外，寒露节气中，外界环境中的阳气不断减弱，人体内的阴气也逐渐增长，早晚的温差更是增大，人的呼吸道很容易受到寒冷之气的刺激而产生不良损伤，再加上天气愈加干燥，所以呼吸道黏膜的防御能力逐步降低，一些病菌物质都会乘虚而入，进而诱发呼吸道疾病的产生。

防情绪浮躁　寒露节气，人们的情绪很容易受到外界感染而产生烦躁、压抑等症状，因此，一定要注重情绪养生，保持一个良好乐观的情绪。

当郁结难解的时候，不妨约上朋友，出门运动、登山郊游，既增强了生活情趣，又能在运动过程中增强人体的呼吸以及血液循环功能，对于强身健体发挥极其重要的作用。

老人晨练后别睡"回笼觉"

不少老人有早起锻炼的习惯，因为起床早，锻炼后会选择睡个"回笼觉"。专家提醒，这个习惯不好。

因为在锻炼过程中，肌肉骨骼活动加速，机体为使运动系统各组织器官能及时获得足够的氧气和营养物质供给，血液循环随之相应加速。如果晨练后立即停止活动上床休息，很快由运动状态转为相对静止状态，将使含有大量代谢废物和二氧化碳的静脉血瘀积于肌肉、韧带、关节、皮肤等组织中，回心血量减少，导致心、脑、肝、肾等脏器缺血缺氧，对心肺功能恢复不利。

老人晨练后出现疲劳是一种正常现象。如果想缓解，首先晨练时要把握好运动量。其次，早睡早起。最后，就是锻炼结束时做些整理运动。如缓慢的徒手体操、散步、原地踏步等，适当调节一下身体的状态。

老年人该如何科学补钙

成人随着年龄的增长，钙质的流失会逐渐增加，应当增加钙质的补充。可是往往有很多老年人都不知道如何补钙，只能盲目地购买保健品。但老年人往往患有高血压、冠心病等疾病，有些病患应在医生指导下补钙。研究发现，心脏病患者补钙不当，会因钙沉积而引发人身意外，因此高血压、冠心病等心血管疾病患者应在专科医生指导下，合理摄取钙或服用钙制剂来达到降血压的目的，不能盲目补钙，避免发生意外。

食补更安全　是药三分毒，药补不如食补。老年人最安全有效的补钙方式是在日常饮食中加强钙的摄入量，而且食物补钙比药物补钙更安全，不会引起血钙过量。首先，老人平时可以多喝牛奶，适当吃些奶制品、虾皮、黄豆、青豆、豆腐、芝麻酱等含钙丰富的食物。其次，选择健康的生活方式，少喝咖啡和可乐，不要吸烟，这些都会造成骨量丢失。除此以外，晒太阳和户外运动也有利于钙的吸收和利用。

补钙更要补胶原蛋白　很多老年人只会单纯地补钙，而忽略了胶原蛋白的补充，这种方法是错的。专家指出,骨骼健康是指整个骨骼系统的健康,包括骨、软骨、关节、肌腱、韧带等。而单纯补钙只能促使成骨,并不能保证整个骨骼系统的柔韧性、灵活性、防震性、抗张力及整体的协调性。因此,对于中老年人,只有全面补充骨骼营养,使骨骼中的营养成分得到均衡配比,才能使整个机体坚强、柔韧而有弹性。

可以选择钙制剂补钙 当然,选择一些好的钙补充剂也是补钙的一种重要方法。但是,老人选择钙制剂需要综合考虑含钙量、吸收率和成分。碳酸钙含钙量最高,而且吸收率也不错,所以是最好的选择。 另外,钙剂的组成方面,含有适量维生素 D 是一条重要原则。由于老年人身体合成维生素 D 的能力只有年轻人的 1/3,因此在补钙时补充维生素 D 是非常必要的。此外,还要注意钙剂中重金属(铅、汞等)的含量要低,对于老年人来说,选择安全的补钙产品也很重要。

老人养生宜"四和"

关乎老年人健康长寿的因素很多,以下为四和养生:

内脏之和　即气血和、阴阳和、五行和。只有五脏六腑和者，才会精神振奋，健康长寿。

身心之和　现代医学把疾病分为生理疾病、心理疾病和身心疾病，患者中身心疾病多在 80%。如果没有身心和谐高度统一，人就得不到真正的健康，故增进心理健康尤为重要。

饮食之和　要做到平衡膳食，摄取与消耗平衡，保持各种营养要素所占的比例均衡，酸碱平衡，科学合理地摄入酸性食物和碱性食物。

与人之和　与他人和睦相处，建立和谐的人际关系，让心态处于轻松自如之状，有利于人体分泌有益激素，进而使神经系统的功能处在最佳状态，并使机体抵抗力增强。

五类药服用后不宜激烈运动

医院发药窗口经常会有患者在药师交代用法、用量后，咨询其他的用药问题，比如能否饮酒等。但其实用药之后，有件事情是常被忽视的，那就是不宜激烈运动，尤其是服用了以下 5 类药后，更是如此。

服用感冒药后如果立即运动可增加运动时猝死风险。同时高血压、心脏病患者也要慎用此类药物。

高血压患者吃了降压药后立即运动，易致疲劳或脱水，故只可适量运动。

刚吃完止痛药立即运动，影响疗效，同时也容易造成胃肠伤害。建议30分钟或1小时之后再运动。

服用抗过敏药后，尤其是夏天，运动会使身体过热，增加中暑风险。

服用降脂药后立即运动，可引起肌肉痛，严重时可导致横纹肌溶解，甚至引起肌红蛋白尿继发急性肾衰竭。

胖大海护嗓五种情况不适用

生活中，很多人会遇到嗓子不舒服的情况。有些人是因为气候干燥，嗓子眼不舒服；还有些职业人士如教师、歌唱演员等，是因为用嗓过度；更有些是慢性咽炎患者……出现这些症状，人们大都喜欢泡服胖大海来保护嗓子。

中医认为，胖大海味甘、性凉，具有清肺热、利咽喉、解毒、润肠通便之功效，用于肺热声哑、咽喉疼痛、热结便秘以及用嗓过度等引发的声音嘶哑等症，对于外感引起的咽喉肿痛、急性扁桃体炎等咽部疾病有一定的辅助疗效。临床用于肺气闭郁、痰热咳嗽、声音嘶哑、咽喉疼痛等症，常与桔梗、生甘草、蝉衣、薄荷、金银花、麦冬等药配合应用。一般用量3~5枚，煎服或泡服。

胖大海泡水治疗咽喉不适并不是所有情况都适用。导致咽喉不适的原因多种多样，如果不辨病因、不分体质而长期喝胖大海也会对健康产生不利影响。比如以下情况就不适宜使用胖大海：一是脾胃虚寒体质，表现为食欲减低、腹部冷痛、大便稀溏，这时服用胖大海容易腹泻；二是风寒感冒引起的咳嗽、咽喉肿痛，表现为恶寒怕冷、体质虚弱、咳嗽白黏痰；三是肺阴虚导致的咳嗽，表现为干咳无痰、声音嘶哑，多属慢性呼吸道疾病；四是胖大海具有降压作用，因此，血压偏低的人长期服用可能会出现血压过低的危险；五是胖大海含有半乳糖醛酸、阿拉伯糖、半乳糖乙酸、半乳糖等，所以，糖尿病患者最好少喝。

"是药三分毒"。胖大海有小毒，长期饮用会给肝肾造成负担，还可能引起脾胃虚弱，导致腹泻、饮食减少、胸闷、身体消瘦等副作用。肠胃不好的人会表现得更明显。因此，连续喝胖大海茶不宜超过 7 天。

药酒进补有讲究

随着气温逐日走低，又快到了进补的好时节。很多人又开始忙着泡制药酒。酒为百药之长，有活血、止痛、散寒、助阳的功效，适量饮用，有一定的滋补作用。我们日常生活中常说的药酒是指以发酵酒、蒸馏酒等为酒基，直接在酒中加入中草药或用已配制好的药酒制成有一定滋补保健功能的药酒。

《黄帝内经》记载："年过四十，阴气自半。"中老年人适量喝药酒，有养阴、补阳的作用。专家提醒，药酒毕竟不是普通酒，不是人人都适合，如果配制不当、盲目过量饮用，对身体反而有害。这里向大家介绍一些进补药酒的注意事项：消化性溃疡病人，痛风患者、酒精过敏的人不适合饮用。妇女在怀孕期、哺乳期及经期均不宜饮用药酒。补气药或补阴药配成的药酒，炎夏应少用为宜。

泡制药酒的药方也要对症，如果泡制的药酒是用于治疗的，那必须先到正规医疗机构做出明确诊断之后再在专业医生指导下进行泡制，服用时也要严格遵循医嘱。若自行选择的药材不当，还会对身体产生伤害。另外，一些矿物质类的药材不适合泡药酒，还有动物骨骼类药材泡药酒时应先磨成粉，这样才利于药效发挥。

药酒若只泡些枸杞等常见中药材用以滋补身体的话，每天喝 1~2 次，每次一小杯左右。喝药酒时不建议同时服用其他补气温阳类的药物。

常揉大包穴肚子好轻松

有些人尤其是女性朋友，思虑多，爱纠结，容易导致吃饭不香、没有食欲，严重的会腹胀、胸闷、头晕、气短，做什么事情都没有精神，懒洋洋的没有干劲，这也许是脾经不通的表现，这时可以自己在家中进行简单的自我保健，以防病治病，阻止症状的进一步加重。

大包穴是脾经的最后一个穴位，也是临床上常用的穴位。它位于身体两侧，腋中线上，第六肋间隙。

男性朋友可以先找到乳头位置，即第四肋间隙，再往下数两个肋骨，沿着下缘滑向身体两侧，到腋中线的位置，便是大包穴。

女性朋友可以用手找对侧肩胛骨下角，那里平对的是第七肋间隙，沿此肋间隙滑到腋中线位置，向上一个肋间隙的位置便是大包穴。找到这个穴位或者穴位的周围，按上去会特别酸胀，有的人甚至是刺痛，有时候还会窜到咽喉部位，或是肚子里咕噜咕噜响，那便是经络上的反应。持续按压 3~5 分钟，酸胀、疼痛感会慢慢减弱，再用手掌轻轻按揉，会觉得嗓子、肚子、胸中顿时轻松，整个人焕然一新。

出现这些身体不适症状的时候不妨试试，也许一些疾病刚刚出现苗头，按压大包穴，经络通畅了，也就消失了。

寒气三"入口" 当细心呵护

日常生活中，老百姓常常会说"着凉了""受风了"，那么大家知道这些凉气、寒气都是怎么侵袭人体，又是从哪些部位进入身体？实际上，人体有些部位比其他地方更容易受寒，更需要大家细心呵护。

入口一——脚底 俗话说"寒从脚下起"，从人体结构来说，脚距离心脏最远，供血相对较差，加之脚的脂肪层薄，御寒能力差，所以易受寒。中医认为，脚底受寒易出现呼吸、消化系统等方面的疾病，如感冒、咳嗽、呼吸道感染、慢性腹泻等，女性可出现月经失调，诸如痛经、闭经等疾病。

脚底调护方面，提倡体虚的人常年穿合适的袜子，切勿光脚在地板尤其是水泥地上走，冬天在家宜穿厚软的绒鞋；平时外出，尤其冬天，可选择保暖性能好的厚一点的鞋袜；勿霑水，鞋袜湿了尽快更换；如自觉脚凉，宜选择热水泡脚，可选用带加热功能、没过小腿的脚盆，注意泡前泡后都喝一杯温开水，以泡到全身微微出汗为宜。糖尿病患者，尤需注意水温，避免温度过高烫伤皮肤。平常可多活动脚部，如散步、快步走等，亦可选择脚底按摩来促进脚部血液循环。

入口二——肚脐　肚脐位于腹部正中央凹陷处，又名神阙穴。肚脐和腹部的其他部位不同，脐下无肌肉和脂肪组织，血管丰富。肚脐受凉后易引起胃肠功能紊乱，出现呕吐、腹痛、腹泻等消化系统疾病。处于月经期的女性，血管本就处于充血状态，肚脐受凉可使盆腔血管收缩，导致月经血流不畅，日久会引起痛经、月经不调等疾病。

保护肚脐，应做到注意防风、防凉，尽量避免穿露脐装、低腰裤等；电扇、空调的风尤其不要对着肚脐直吹；睡时应根据季节盖合适的被褥；亦可选用艾灸。

入口三——口 这个"口"并不是说寒气直接吹进嘴里，而是说饮食不当，如过食生冷冰品、寒凉性药物等致使寒气从口入。目前，几乎家家都有冰箱，人们也都习惯了把各种饮料、水果等放进冰箱储存，天热时往往进门就喝冰水，或者水果刚从冰箱里拿出来就吃，外出也常饮冰饮料。

另外，现在人们都具有较好的保健意识，但往往对食材或药材认识不够全面，导致寒凉入体，如喝一些自认为很健康的饮品，其中不乏清热解毒的茶类，诸如金银花茶、菊花茶等，其性皆寒凉，长期服用易损伤脾胃，耗伐阳气，导致寒凉内停，出现怕冷、手脚凉、少气懒言、慢性腹泻等症状，对女性来说，易出现月经失调、不孕症等疾病。所以，个人保健时，要全面分析利弊。

口的调护方面，需管住嘴，严防病从口入，避免吃生冷冰品及寒凉性的食物或药物。平常做饭时可适当放点葱、姜、蒜，一则调味，二则驱寒。此外，三餐都最好吃温热的饭菜，平时宜饮温开水。

气虚体质重调理

中医将人的体质分为9种类型——平和型、气虚型、阴虚型、阳虚型、痰湿型、湿热型、血瘀型、气郁型和特禀型。其中，气虚型体质者主要表现为元气不足，以疲乏、气短、自汗等气虚表现为主要特征。这类人群形体多消瘦或虚胖，性格内向、胆小，不爱动，少言寡语，语音低弱，易疲乏，情绪不稳定，容易感冒等，可以从以下几个方面加以调理：

情志调摄　保持稳定乐观的心态，不可过度劳神，宜欣赏节奏明快的音乐，如笛子曲《喜相逢》等。

饮食调养　宜选用性平偏温、健脾益气的食物，如大米、小米、南瓜、胡萝卜、山药、大枣、香菇、莲子、白扁豆、黄豆、豆腐、鸡肉、鸡蛋、鹌鹑、牛肉等，少吃生冷苦寒以及辛辣食物。

起居调摄　提倡劳逸结合，不要过于劳作，以免损伤正气，居室环境应采用明亮的暖色调，平时避免汗出受风。

运动保健 宜选择比较柔的健身项目，如太极拳、八段锦等，还可用提肛法防止体内脏器因气虚而下垂。具体方法：全身放松、注意力集中在会阴肛门部，吸气时收腹并提肛，停顿 2~3 秒后，缓慢呼气，放松肛门，如此反复 10~15 次。

穴位保健 可经常按摩气海穴（前正中线上，脐下 1.5 寸）、关元穴（前正中线，脐下 3 寸）等穴位，每个穴位做柔缓的旋转按摩 3~5 分钟；也可采用艾条温和灸，增加温阳益气的作用。点燃艾条或借助温灸盒，对穴位进行温灸，每次 10 分钟。艾条点燃端要与皮肤保持 2~3 厘米的距离，不要烫伤皮肤。温和灸可每周操作 1 次。

多聊天延缓大脑衰老

与过去相比，如今的老年人更容易感到孤寂。儿女每天上班忙碌，身边的亲朋相继过世，高楼大厦又挡住了邻里间的交流，这些都让老人聊天的机会越来越少。老人们常常没有渠道宣泄负面情绪，或分享生活中的所见所得。事实上，无论哪种聊天，也许只有短短 10 分钟，都能让老人的心理得到极大的满足，多聊天还能活络大脑，对身体大有好处。

大脑用进废退，随着年纪的增长，大脑细胞会不断衰退老化。美国密歇根大学研究表明，友好的谈话是使人变聪明的有效手段。聊天需要经过逻辑思考，提炼和组织语言，这对大脑是一种很好的锻炼。多说话可以活跃脑细胞，保持一定兴奋度，有效延缓大脑的衰老进程，对预防老年痴呆症也有一定作用。正因如此，目前治疗老年痴呆症的方法中，多感官刺激效果最好。

做子女的，不仅要鼓励老人多说话，还要为老人营造和谐的聊天环境，平时主动和父母交谈，多站在父母的角度看问题，才能使彼此的交流更加顺畅。聊天时，子女应该主动寻找父母关心的话题，比如聊聊自己小时候的事情，询问父母好友的近况等，还可以耐心教父母使用智能手机，学着用微信、QQ 等社交软件，以便日后更便捷地交流。如果父母的观点和自己不一致，不要针锋相对，也不能一味妥协，要注重交流方式，可以先顺着父母说，过后再找个父母高兴的时候说出自己的看法。

除了与家人聊天，老年人还应多参与社会活动，与同龄人讨论时事政治、养生妙招、育儿心得，分享幸福与快乐，还可以去公共场合，和陌生人聊聊天气、谈谈乐事。研究发现，在公共场合与陌生人主动攀谈会让人快乐，更重要的是，聊天的陌生人也会感到非常开心。科学家分析认为，由于人是一种社会性动物，结识更多朋友会使人幸福。

起床讲究"一分钟"

起床看似"小事"，其实和身体健康密切相关。起床动作要领归纳起来就一个字——慢。人有生理节奏，从熟睡状态交替到活动状态时，一定不能急，做到"三个一分钟"，就可以减少猝死、心绞痛、脑出血等疾病的发生。

醒后躺在床上一分钟　躺着时，血液循环比较慢，黏稠度也高。醒来先躺一下，伸伸懒腰，使血液慢慢流动。

坐起靠在床头一分钟　这个半坐的体位使心脏和血管的负担开始加重，这是一个适应、预热的过程。

双腿下垂再等一分钟　起床后不要立即站起，坐在床边觉得反应正常才下床。这是再一次预热，使心跳加快，改善脑供血状况。

手脚冰凉莫要盲目温补

天气转凉，很多人都会手脚冰凉，即使喝热水、多穿衣服，也依然暖不起来。这在女性、老人和体弱者中更为常见。人们大多认为手脚冰凉是"寒"造成的，于是选择吃牛羊肉、辣椒、生姜、桂圆等辛热之品来温补。有些人吃完会感到身体热乎乎的，手脚也不那么凉了，有些人却可能适得其反。

中医认为，手脚冰凉属"肢厥"范畴。肢厥是由于阴阳之气失去平衡，不能相互贯通，导致阳气不能正常布达温煦所致。肢厥也有寒热之分，不是所有的手脚冰凉都是阳虚惹的祸，我们要辨证施治，不可盲目温补。

寒证造成的手脚冰凉是因为人体内寒气过剩、阳气衰微，寒气凝滞于经脉，致使气血运行受阻，不能到达四肢末端。因此，除了手脚发凉之外，还常常出现恶寒蜷卧、面色苍白、腹痛下利、呕吐不渴、舌苔白滑、脉微细等症状。防治可用四逆汤温中散寒。方中生附子是大热之品，其性走而不守，能通行十二经，温壮元阳，回阳救逆；干姜性热、味辛，入心、脾、胃、肺经，其性守而不走，温中散寒，助阳通脉；炙甘草既可以益气补中，治虚寒之本，也能缓和干姜、附子峻烈的药性，调和诸药。

热厥，即因为邪热深伏于身体、闭阻阳气，导致阳气不能外达四肢而导致的手足逆冷。除了手足冰冷，人还常常会感到喜冷饮而恶热，伴烦渴口干，小便黄赤，舌质红，苔黄燥，脉洪大有力。通常发热在前，手足厥冷在后；厥为标，热为本，也就是真热在里、隔寒于外的真热假寒证。此时，应使用白虎汤清里透热。方中石膏性大寒，味辛、甘，擅长清热，以制阳明内盛之热，并能止渴除烦；知母性寒，味苦，质润，能助石膏以清热生津；粳米、炙甘草和中益胃，并可防止石膏和知母的大寒之性伤身，诸药配伍，便能帮助患者清热除烦，生津止渴，邪热内盛所导致的四肢逆冷就会自然解除。

饭后洗澡血压易高

刚吃完饭，人体消化系统开始工作，大量血液聚集在胃部，若此时蒸桑拿或洗澡的时间长，身体水分流失，容易使血压瞬间飙升。尤其对老年病患者而言，这种急风骤雨的变化最容易增加心梗和脑出血的可能性。

妙用食盐有益于牙齿健康

食盐味咸，入肾，齿为骨之余，肾又主骨，所以食盐能稳固牙齿。现代医学研究表明，食盐中含有的氟能起到消炎杀菌、防止蛀牙的作用。坚持早晚用温的淡盐水漱口刷牙 1 次，能预防蛀牙。同时，用淡盐水刷牙还能防止牙龈出血，洁齿除口臭。

贫血者必须要"补气"

面色苍白、头晕眼花、唇甲色淡，出现这些贫血症状时，很多人第一反应是吃一些补血的药物，如阿胶、当归等。但是，专家指出，这些具有补血功效的中药未必能搞定贫血，因为补血的同时还必须补气。

健脾补气可纠正贫血。贫血患者要想正确补足体内血液，还需从健脾补气入手。人在出血的同时气亦随血而脱，单用补血药物会面临吸收难题，而补气可促进血液凝固，控制出血，帮助稳定病情。

中医补气的经典方剂为四君子汤：人参（也有以党参代替人参，更适合日常服用）、白术、茯苓、甘草，此方健脾益气，能增强身体运化之力；中医补血养血经典方剂为四物汤：当归、地黄、芍药、川芎，有补血活血的功效。四君子汤还可和四物汤合用为八珍汤，达到补气和血的双重功效。

另外常用的还有十全大补丸，其实就是八珍汤中的八味药加上补气的黄芪和温阳的肉桂，既能气血双补，又能兼顾改善气血亏虚导致的虚寒症状，再生障碍性贫血患者和肿瘤患者有时会以此药来滋补身体。专家建议贫血患者先去医院就诊，根据诊断结果在医师指导下辨证合理用药。

身体部位症状反映气血状况

当气血不足也就是中医常说的气虚和血虚，常可通过以下身体的一些症状表现出来：

眼睛　眼白颜色变浑浊、发黄、有血丝，表明气血不足。

皮肤　皮肤粗糙，没光泽，发暗、发黄、发白、发青、发红、长斑，表明身体状况不佳、气血不足。

头发　头发长得慢，头发干枯掉发，头发发黄、发白、开叉，表明气血不足，肝血肾气衰落。

牙龈　牙龈与胃肠相关，牙龈萎缩代表气血不足。

指甲　手指上没有半月形或只有大拇指上有半月形，指甲上出现纵纹，说明体内寒气重、气血两亏，出现透支，是肌体衰老的象征。

手指　手指指腹扁平、薄弱或指尖细细的，则代表气血不足。

睡眠　入睡困难，易惊易醒，夜尿多，呼吸深重或打呼噜，表明气血亏虚。

运动　运动时出现胸闷、气短、疲劳难以恢复的状态，则表明气血不足。

手脚的温度　如果手足冰冷，是气血不足的表现。

养眼的四个小妙招

长时间在光线不够充足的地方用眼，连续在电脑前几个小时……您的眼睛是否觉得疲劳了呢？如何让我们的眼睛变舒服些呢?

控制用眼时间 缓解眼睛疲劳的最佳方式就是让眼睛休息。一是通过多眨眼,建议每天有意识地眨眼300次,有助于促进泪液分泌,缓解干眼症状,从而缓解疲劳;二是尽量远眺(大于 5 米)来放松眼睫状肌,达到缓解疲劳的效果,一般每小时需休息 5~10 分钟;三是关掉空调,尽情去欣赏大自然的美景,尤其是绿色植物。

调整饮食 及时补充水分,可多饮用菊花枸杞茶。虽然人体的眼球组织含钙程度不高,但钙却具有消除眼睛紧张的作用。推荐多食用豆类、绿叶蔬菜、虾皮、牛奶等含钙量丰富的食物。

眼部养生 通过增加眼局部血运达到舒缓眼部疲劳干涩的症状。闭上眼睛,两手手掌相互摩擦到发烫,然后迅速地按抚在双眼上,通过摩擦产生的暖意温暖眼部,注意在熨目前一定要洗净双手。

合理使用眼药水 建议选用不含防腐剂的抗疲劳眼药水及人工泪液,这类药物多为每天一支小包装,大部分大包装眼药水多含有防腐剂,滴入太多会破坏正常泪膜,长期使用会加重干眼及疲劳。

中医护肺抗霾良方

当感觉呼吸稍有不适时，可服用小方：升麻，赤芍，党参，桔梗，葛根，甘草，丹参，生姜（后下），每日1剂，用水煎煮，分2次服，连服3日，症状可有所缓解。

当感觉鼻子和咽喉不适、呼吸不畅、胸闷不适、喉痒咳嗽时，可服用大方：升麻，赤芍，党参，桔梗，葛根，甘草，丹参，生姜（后下），每日1剂，用水煎煮，分3次服，连服2日即可。

当出现发热、恶寒、出汗时，可在上述大方基础上去掉生姜，加黄芩、薄荷（后下），用水煎服，儿童用量可酌情减半。

坚持"337"原则睡得香

第一，保证入睡后3小时内不受干扰，维持深度睡眠。夜里10点到凌晨3点左右，生长激素分泌最集中，在这个时间段内保证3小时的睡眠能够促进身体生长，调节代谢，促进脂肪分解。一些人喜欢晚上躺在沙发上边看电视边打盹，"眯"一会儿后再上床睡觉，这种习惯会打乱睡眠，应尽量避免。

第二，夜里 3 点前入睡。晚上 10 点左右入睡是理想的状态，但现代人工作忙碌，有时甚至 12 点都无法保证上床睡觉。对于过着"夜猫子"生活的人，凌晨 3 点前入睡是最大极限，最好 3 点能进入深睡眠状态。

第三，全天睡眠时间加起来为 7 小时。不能保证晚上睡足 7 小时的人，应利用午休、上下班坐车等碎片时间来补觉。根据个人身体情况，也可以调整为 6 小时、8 小时等。如果上班时睡眠不足，可以利用周末好好睡一觉，弥补缺少的睡眠，但也要注意不要与上班时的睡眠时间相差太大，最好控制在 2 小时以内，以免打乱生物钟。

若这 3 点不能同时满足，专家建议将第一点放在首位。比起时间长度，睡眠的深度更加重要。

肝火旺敲打腿内侧

肝火旺的人，可以通过敲打刺激腿内侧的肝经来"消火"。拍打法属于中医推拿手法的一种，通过刺激相应穴位和经络，可以舒筋活络，起到治病和保健作用。

人体的肝经又叫足厥阴肝经，它经过腿内侧，一侧有 14 个穴位，包括大敦、太冲、曲泉、章门、期门等。中医认为，气血通过经络传输，而穴位又是气血集聚和疏散的小站，故可以从大腿根部开始，循着肝经用指节敲打，以帮助疏散肝火。敲打时可以保持每秒大约两下的节奏，每次 10 分钟左右即可。

肝火旺的人群，平时还应注意劳逸结合，饮食上多吃清火食物（如富含维生素的蔬菜、水果），多喝水，少吃辛辣煎炸食品，少抽烟喝酒。上火期间不宜吃瓜子、花生，同时注意调节情绪，保持乐观积极的生活态度，许多的"火"便不会产生。

叮咬"药膏"家家有

被蚊子叮咬后，皮肤会感到瘙痒、肿痛，想缓解这些不适，可以从家中找些疗效好的"药膏"，缓解症状。

盐　取一点盐，用开水泡开，待水温适宜时，用手指或者棉签蘸着温盐水涂擦叮咬部位。若是刚咬的包，涂擦温盐水半小时左右就会消肿。如果不是新咬的包，通常早上擦，晚上会看到效果，要多擦几次。

西瓜皮 取一块西瓜皮，切去红瓤，用白瓤涂抹在叮咬部位，可以消肿止痒。

黄瓜 被蚊子叮咬后，把黄瓜切成薄片，敷到皮肤红肿处即可。

蒜瓣 取一瓣蒜切开，用断面涂抹红肿的地方。

肥皂 被蚊虫叮咬后，还可以用肥皂水清洗叮咬部位，之后再用干净的湿毛巾冷敷，减轻痒感。

芦荟 芦荟汁具有很好的消毒、防腐作用。可以把芦荟汁涂在被咬的部位。

牙膏 取一点牙膏涂在被叮咬的皮肤上，起到消炎、消肿、止痒的作用。

此外，当因搔抓叮咬处发生局部感染时，要及时清洗被叮咬的伤口，并遵医嘱涂抹一些抗炎软膏，如红霉素软膏等，以防加重感染症状。

中药香包抵御蚊虫

夏季蚊虫多，为了抵御蚊虫，人们想出了不少方法，蚊香、驱蚊液、花露水、电蚊拍、驱蚊草等统统上阵。但是，"驱蚊草"的驱蚊效果并没有那么神奇。因为只有当叶片被蚊虫咬食、造成植物组织损伤时，"驱蚊草"才会大量释放香叶醇等挥发性物质，这实际上是植物的一种自我保护方式。正常情况下，"驱蚊草"所散发的这些芳香物质的量非常小，远不足以对蚊虫起到驱散作用，因此"驱蚊草"这个名字其实有点名不副实。

想要健康有效地驱蚊，可以试试中药香包：取艾叶、石菖蒲、藿香各 10 克，冰片 0.3 克，放入缝制好的布包内，随身携带，能散发天然的芳香气味，具有开窍醒神、化湿醒脾、驱蚊辟秽、预防感冒的作用。每个香包可使用 1 个月左右，用完后的药材煮水给小孩洗澡还可有效预防痱子。需要提醒的是，蚕豆病患者不宜使用这种中药香包，因为香包内的挥发性成分会加重症状。

药物外用可消蚊子咬后痒肿

天气炎热，蚊子骚扰，被叮咬处的痒、肿、痛更是令人烦。以下几种药物可有效消除不适，需要时不妨一试：

六神丸　将 10 粒六神丸研末后，用少许米醋调成糊状，涂于蚊子叮咬处，每日 3~5 次，可消肿止痒。

扑尔敏　用扑尔敏数片，研成粉末后用温开水调成糊状，涂擦蚊子叮咬处，每日数次，有迅速止痒的效果。

阿司匹林　阿司匹林 1~2 片磨碎，用少许凉开水调成糊状，涂抹在被咬的伤口上，每日数次，有止痒消肿的作用。

维生素 C　维生素 C（或小苏打）数片磨成粉，加少量水稀释后，用棉签蘸稀释液，直接涂抹在患处，可以消肿止痒。

氯霉素眼药水　氯霉素眼药水直接涂抹在蚊子叮咬处，不仅有止痒止痛的功效，而且对已被抠破的红包及轻度感染发炎有消炎作用。

藿香正气水　藿香正气水涂抹于被叮咬处，半小时左右瘙痒即可减轻或消除。

此外，风油精、万金油等直接涂擦局部，也有一定的消肿止痒功效。

消暑五大利器

天热，到底吃点什么能让身体避免被蒸干？专家介绍了以下 5 种消暑利器：

水 应足量饮水，最好是白开水，推荐每日饮水量应达到 1500~1700 毫升，少量多次，不要等到口渴时再喝水。

茶 温热的茶水是热天理想的软饮料，温茶能降低皮肤温度 1~2℃，喝茶水者感觉清凉舒适，而喝冷饮者周身不畅，渴感未消。与体温相近的温茶，水分子能较快排列整齐地进入肠壁，所以很能解渴。

绿豆汤 绿豆有清热、解暑、解毒、利尿的功效，天热煮一锅绿豆汤是消暑的好法子，当然前提是不能加糖。

运动饮料 高温或剧烈运动出汗较多时，体内的钠、钾、钙、镁等矿物质也有一定程度的丢失，可以适量喝一些运动饮料。

西瓜 性寒凉，民间又叫寒瓜。在炎热的暑天吃几块西瓜，既香甜可口，又清凉解渴。天热出现中暑、发热、心烦、口渴、尿少或其他急性热病时，均宜用西瓜进行辅助治疗。西瓜除吃瓜瓤外，瓜皮亦可煎水服用。

家中常备这些中药

生姜 生姜味辛性温，有发汗解表、温中止呕、温肺止咳的功效。比如淋雨受凉了，喷嚏连连，这时无须服用治感冒的西药，可以切几片生姜，加点红糖煮水喝。不过，生姜性温，阴虚内热体质的人不宜使用。

陈皮 陈皮味辛、苦，性温，有理气、祛湿、化痰的作用，可用于治疗脾胃气滞引起的胃痛、胃胀、嗳气、恶心、呕吐等。总是咳嗽，痰液稀白，也可用陈皮泡水喝，以化痰止咳。

老年人年老体衰，脾胃功能本身已经偏弱，如果出现胃脘及腹部胀满，进行各项检查如胃镜、肠镜等并未发现明显异常的，也可以煮点陈皮姜枣汤，做法是：陈皮 10 克，生姜 30 克，剁成碎末，大枣 5~10 枚。一起入锅，加水 500 毫升，煮沸后改文火，再煎 3~5 分钟即可。趁热饮用最佳，可稍加红糖以调味。

金银花 金银花味甘，性寒，有很好的清热解毒的功效。金银花和菊花的性味有点相似，但它有更好的解毒作用。咽喉肿痛、热毒泻痢用金银花煎水代茶喝，不消一日，症状就会有很大的改善。夏季用金银花煎成浓浓的药水，在长痱子的地方反复擦洗，一天以后，就可以看到痱子消了下去。除了痱子，对其他的痈、疮、疖肿等，金银花水一样有效。

体液颜色透露健康信号

黏液　黏液覆盖在人体很多重要器官外膜表面，包括肺、鼻窦和胃肠道，用来保持这些膜表面不会变干。健康人的黏液通常是清澈的，但感冒或病毒感染时，免疫系统会向鼻窦输送大量白细胞，白细胞含有绿色的酶，故黏液会呈类似颜色。如果黏液量大，就会显现出黄色或绿色。冬季干燥时，鼻腔毛细血管破裂出血会让黏液呈红色，如出血量大，应及时采取防护措施或就医。

尿液　尿液的颜色来自血红蛋白分解后的尿色素。正常尿液颜色在接近清澈到中等黄色之间，更暗或更淡可能是脱水或喝水过多的迹象。粉红或红色尿有可能是良性的，如晚餐时吃了甜菜；也有可能是疾病症状，如肾脏感染引起的出血、尿路感染，甚至是肾肿瘤、汞中毒。橙色尿除了是脱水导致，也可能是肝脏或胆管出了问题。

血液　血液由于其中含有大量的红细胞而呈红色。

红细胞负责将氧气送到人体组织。不过，为什么静脉会是蓝色？这与光线反射有关。血管反射的光在到达人眼之前，还需穿过皮肤。只有蓝光的波长有这种能力，所以血管看起来是蓝色。

"慢性子"不易老

研究显示，"慢性子不易老，更长寿"确有科学道理。

说话慢　语速太快，很容易使老人情绪变得激动和紧张，促使交感神经兴奋，造成血管收缩，引发或加重高血压、心脏病的复发。

"火"得慢　发泄不良情绪虽然有利于健康，但"火"来得太急也不好。不少老人都有心脑血管疾病，一旦动起火来，很危险。遇到恼火事，先别急着做出反应，深呼吸，心里反复想想，再发表意见。

起得慢　老人早上起床时如果动作太快太猛，容易导致大脑供血不足，发生眩晕。清晨人体的血管应变力最差，骤然活动也易引发心血管疾病。早晨起床前，不妨先躺在床上闭目养神5分钟，伸伸懒腰，用双脚互相搓搓脚心，用手搓搓脸，缓一缓，再慢慢起床。

　　吃得慢　唾液中含溶菌酶，可杀灭口腔病菌，预防感染。细细咀嚼能促进唾液分泌，提高免疫力。吃东西时，最好咀嚼 30 秒再咽下。

　　排得慢　排便不畅是不少老人的烦恼。如果过于着急，经常用力排便，会使直肠黏膜及肛门边缘出现损伤。特别是有动脉硬化、高血压、冠心病的老年人，排便时若是太急，屏气用力，容易导致血压骤然升高，诱发脑出血。

第四章

疾病防治

防寒保暖重点各异

心脑血管病患者：防寒保暖，防范基础病　由于气温下降，心血管类疾病高发，尤其是老年人早晨锻炼的时候，容易发生中风、心梗等疾病，预防方法除了防寒保暖，还要做到"早卧晚起，必待日光"，并加强对高血压、冠心病、糖尿病等基础病的防治。

类风湿关节炎患者：保暖工作，重中之重　专家指出，类风湿关节炎患者在冬季要保持居住环境干燥、温暖，被褥、衣物要常洗常晒。中医认为"血遇寒则凝，得温则行"，保暖有利于血脉通畅，关节肿痛、僵硬等症状会随之减轻。所以，对于此类患者而言，保暖是重点。

颈肩腰腿痛患者：穿高领衣，常搓腰部　常用双手搓腰有助于疏通带脉，强壮腰脊，固精益肾。腰部为"带脉"所行之所，特别是脊椎两旁是肾脏所在位置，常按摩能温煦肾阳，畅达气血。具体做法为：两手对搓发热后，紧按腰眼处，然后用力向下搓到尾闾部位（长强穴）。早晚各做1次，每次50~100遍。

糖尿病患者：足部保暖，非常重要　冬三月，此谓闭藏，去寒就温，无泄皮肤。就是说，立冬时节保暖是重点。专家提醒糖尿病患者在做好基础保暖的同时，尤其要重视足部保暖，穿合适的鞋袜，每天坚持泡脚，水温别太高，慎用取暖器，适当运动，不可过汗。

痛风患者：全力阻断尿酸升高　冬季是痛风的高发季节，专家指出，冬季气温低，血管易收缩，为了克服收缩，机体要加大心脏动力，这会造成代谢增加，引发尿酸升高。因此痛风患者应避免羊肉汤、火锅以及高嘌呤食物的摄入，否则会造成嘌呤摄入过多，引发尿酸升高。

骨关节炎的居家治疗法

一是热疗，水温控制在 44℃左右最为适宜，适用于慢性期疼痛。慢性疼痛往往和局部炎症因子堆积有关，给予热疗，是为了让毛细血管扩张，血流把这些代谢废物带走，减轻疼痛。热疗包括敷热水袋、泡脚、用台灯照射等。

二是冷疗，关节肿胀疼痛严重，冰敷效果最佳。比如急性炎症发作期，要缓解急性肿痛，需进行冷敷或者冷疗，用冰块来敷关节，或者是用冰黄豆敷在关节上，降低温度，减少炎症渗出，让血管收缩，减轻肿胀。最后就是借助工具，防治跌倒。

当然，关节磨损严重到无法行走时，就只能采取手术治疗。专家表示，目前医疗技术也很成熟，手术意外很低。即使是老年人，只要身体素质不是特别差，还是可以做关节置换手术，而且术后 3 个月，基本达到正常走路。

四种非常规原因竟可致低血糖

脂肪增生　总是在同一部位反复注射胰岛素，这样很容易引起注射部位的脂肪增生。脂肪增生处打针会延缓机体对胰岛素的吸收，造成餐后血糖先高后低。脂肪增生是可以从外观上分辨出来的，看上去和正常皮肤一样或稍有隆起，但摸起来却比周围组织要硬。建议糖友打胰岛素要学会合理轮换注射位置，并且经常检查注射部位的皮肤，避免在脂肪增生处注射。

肾脏疾病　有些病程较长的糖友肾脏会出问题。肾脏有降解体内胰岛素和其他药物的功能，约 30% 的胰岛素是由肾脏降解的，肾功能若是出现异常，其对胰岛素和口服降糖药物及其代谢产物的清除率就会下降，导致胰岛素或降糖药在血液中蓄积。此外，肾脏也有生成葡萄糖的能力，若其功能受损，生成葡萄糖也会减少。因此，有肾病的糖友也可能会出现低血糖。

甲状腺和肾上腺问题　甲状腺功能减退（简称甲减）与糖尿病同属内分泌代谢类疾病，糖友中甲减患病率比常人要高。甲减会导致机体代谢减慢，药物在体内存留时间便会延长，这增加了低血糖风险。有些糖友还可能伴随肾上腺损害，导致肾上腺素等升糖激素缺乏而容易发生低血糖。

胃轻瘫　胃轻瘫属于糖尿病较常见的消化系统并发症，多由糖尿病神经病变引起。患有胃轻瘫的糖友进餐后，食物从胃排出较慢，而降糖药物吸收却较快，导致血液中药物浓度相对较高，造成血糖下降，甚至引起低血糖。这种食物消化吸收不规律引起的血糖变化与药物作用不匹配会让血糖忽高忽低。

降血压多吃五种食物

要想轻松降血压，还应该注意饮食，多吃以下降压食物：

鸡蛋清　研究发现，吃鸡蛋清可以降血压。鸡蛋中的某些蛋白质可模仿降压药的作用，高血压患者可以适当吃水煮蛋，但每天不宜超过2个。油煎蛋经高温加热会导致蛋白质变性，而且摄入油超标，因此不适合高血压患者食用。高血压患者千万不能因此盲目补充鸡蛋清，因为鸡蛋吃太多会升高胆固醇，反而对身体有害；更勿擅自停药，以免影响病情。

橙汁　橙汁富含维生素C，具有提高人体免疫力等功效。科学家发现，中年男性连续一个月，每天喝半升橙汁（大约2杯），其血压水平明显下降。橙汁中的有效成分主要为橙皮苷，富含于茶叶、水果、大豆和可可中，具有多种保健作用。除了研究中发现的橙皮苷以外，橙子富含的维生素C等抗氧化物，有助于减慢自由基对血管的伤害；其中丰富的钾更有助于降血压。

红茶　研究发现，每天喝3杯红茶可以显著降低高血压。早上喝红茶较好，可促进体内的血液循环。需要注意的是，早上喝茶一定要在吃完早餐后，因为茶叶中含有咖啡因，空腹饮用会导致肠胃吸收过多的咖啡因，令人出现心慌、尿频等不适症状。此外，神经衰弱的人容易受生物碱的影响，不宜多喝红茶。

板栗　栗子营养丰富，维生素 C 含量比西红柿还要高，更是苹果的十几倍。板栗中所含的丰富的不饱和脂肪酸和维生素，有抗高血压、冠心病、骨质疏松和动脉硬化的功效，能防治高血压病、冠心病和动脉硬化等疾病。

杏仁　杏仁有着丰富的营养价值，是市场上非常名贵的干果。它含有不饱和脂肪，可以在补充人体所需的脂肪时而不增加其他多余的脂肪。此外，杏仁富含的膳食纤维元素对降低人体的胆固醇有很好的帮助作用。

稳定血压的食疗方

在秋季，高血压患者为了健康，一定要做好血压监测并注意按时服用药物。而早期患者在合理饮食的同时，可选用食疗，用以平衡阴阳，调和气血。下面这些食疗方可试一试：

胡萝卜汁　每天约需 1000 毫升，分次饮服。高血压病人饮胡萝卜汁，有明显的降压作用。

芹菜粥　芹菜连根 120 克，粳米 250 克。将芹菜洗净，切成段，粳米淘净。芹菜、粳米放入锅内，加清水适量，用武火烧沸后转用文火炖至米烂成粥，再加少许盐和味精，搅匀即成。

醋泡花生米　生花生米浸泡醋中，5 日后食用，每天早上吃 10~15 粒，有降压、止血及降低胆固醇的作用。

何首乌大枣粥　何首乌 60 克，加水煎浓汁，去渣后加粳米 100 克、大枣 3~5 枚、冰糖适量，同煮为粥，早晚食之，有补肝肾、益精血、乌发、降血压之功效。

淡菜荠菜汤　淡菜、荠菜或芹菜各 10~30 克，每日煮汤喝，15 日为 1 个疗程，对降压有效。

吃生姜可通血管

生姜中含有的类似水杨酸的化合物，能调血脂，降血压，防止血液凝固，抑制血栓形成。

但是从中医角度来说，生姜本身是温热性食物，具有温中、助阳、散寒等作用，如果是实热体质的高血压患者或者阳亢的高血压患者则不宜使用。

有研究报道，过量食姜妨碍凝血，需要服用具有抗凝作用的药物或保健品的心血管病患者，也应当特别注意生姜的摄入。

经常乳痛养肝经

不少女性在情绪欠佳或月经前都会出现乳房胀痛、刺痛、跳痛等不适，这究竟是不是一种病？是否需要治疗？

与月经或情绪相关的乳痛，通常被认为是"生理性乳痛"，这种问题一般不需要找医生处理。如果乳痛时间过长（超过 10 天）、疼痛程度较重、月经后不能自行缓解超过 3 个月时，这一类就要考虑"乳痛症"，需要医生干预了。

为什么肝经不畅会导致乳痛？这是因为足厥阴肝经从足大趾向上，沿着足背内侧上行至小腿内侧，沿着大腿内侧进入会阴中，至小腹向上，分布到胁肋乳房乳头部，上行出于额部，与督脉交会于头顶。所以，当肝经经气不畅时就可能导致乳痛，以及偏头痛、胁痛、痛经、心烦失眠等一系列临床症状。

情绪不佳是临床上导致肝经不畅的原因。中医认为，肝主情志，情志异常会导致肝气郁结，从而出现乳痛。影响肝经健康的另一个主要因素是睡眠。肝经需要肝血滋养，养好肝血的前提就是必须在晚上 11 时前入睡。

老寒腿发作就用温针灸

　　许多老年人每逢变天，膝关节就会疼痛难忍，预知天气变化比天气预报还准，这都是老寒腿惹的祸。

　　中医认为，老寒腿属于"痹证"的范畴。老寒腿主要是由于风、寒、湿三邪侵入人体经脉，痹阻于经脉，造成气血运行不畅、经络不通，从而引起的膝关节疼痛。老年人该如何预防和治疗老寒腿呢？不妨用温针灸。

　　温针灸是在针刺穴位的基础上加用艾柱进行温灸，在获得针刺疗效的同时，又借助艾灸火的热力给人体以温热性刺激，具有温通经络、行气活血、祛湿逐寒、消肿散结、回阳救逆及防病保健的作用。

　　温针灸治疗老寒腿的常用穴位包括膝眼、梁丘、阳陵泉、膝阳关、鹤顶、足三里。老人在家中无法独立进行温针灸操作，也可针对上述穴位进行艾灸，在距离穴位 2~3 厘米处进行悬灸，使局部感觉温热，每次 5~10 分钟，灸至皮肤红晕为度，每天 1 次。

　　防治老寒腿，一定要注意保暖和适当的锻炼。居室内要温暖，衣物被褥要常晒防潮；天气转冷时，及时增添衣裤、被褥,尤其要注意膝关节的防寒保暖,外出时可使用保暖护膝;锻炼以身体舒服、微微出汗为度。

高血压也能引起脑梗死

腔隙性脑梗死看起来是不大的病,却不容小觑。50%以上纯腔隙性脑梗死可能是颈内动脉狭窄引起的。因此,防病还应控制好血压。

不同人有不同症状。有的人是脸部、舌头、肢体不同程度瘫痪;有的人则感觉半身麻木,并有牵拉、发冷、发热、针刺、疼痛;还有的人会吞咽困难,手轻度无力伴有动作缓慢,做精细动作困难等。腔隙性脑梗死会影响脑功能,导致智力进行性衰退和脑血管性痴呆。

一般腔隙性脑梗死病人如能在起病早期得到诊断并给予适当的治疗,多数在2周内可完全恢复。静脉溶栓治疗的"黄金时间"为发病后4.5小时,出现严重头晕、复视、肢体无力、恶心呕吐、言语不清时应高度警惕,第一时间到医院。

肩腰腿痛或是风湿

很多老人认为，随着年龄的增大，颈肩腰腿痛是种"必经的痛"。其实，老人肩腰腿痛还可能是风湿性多肌痛。该病好发于 50 岁以上的人，症状与肩周炎、坐骨神经痛类似，因此常被误诊误治。不少人发病后做理疗、吃止痛药，但由于没找对病因，所以效果不好。

一旦发现血沉和 C 反应蛋白高，患风湿性多肌痛的可能性相当大。对初发或病情较轻者可用激素治疗，较重的患者需长期治疗。患者可同时外敷祛寒止痛贴，能明显减轻不适。

每天一把核桃降低哮喘风险

研究发现，每天吃一把核桃可以降低罹患哮喘的风险。

研究人员将参试者分为 2 组，一组接受 γ 生育酚补充剂，另一组接受安慰剂治疗 2 周。结果显示，当人们服用维生素 E 补剂时，其嗜酸性炎症更少。哮喘患者的黏蛋白水平往往会升高，而维生素 E 还可以降低影响黏液黏性的黏蛋白。普通呼吸道疾病患者常吃核桃也可减少肺脏中的黏液。

专家表示，来自核桃中的维生素 E 可减少呼吸道炎症，预防哮喘发作。核桃等坚果、花生、玉米、大豆和芝麻等食物中富含最常见的 γ 生育酚。与维生素 E 补剂中最常见的 α 生育酚相比，γ 生育酚更少受到关注。

数据表明，饮食中的维生素 E 含量高的人不容易患哮喘和过敏性疾病。

手麻常揉支正穴

引起手麻的原因很多，如血管、血糖、血脂、更年期等因素，比较常见的有腕管综合征、中风、颈椎病等。在明确病因、对症治疗的基础上，可经常揉按位于前臂的支正穴，帮助舒筋活络，治疗腕指酸痛麻木。

支正穴是手太阳小肠经上的络穴，在脏腑中，小肠与心脏相表里，支正穴作为络穴可沟通联结小肠经和心经。中医认为，心脏输布气血津液，小肠则主受盛、化物、分清泌浊，当气血化生不足，输布无力时，肢端失去气血濡养则出现手麻、无力等症状。按摩支正穴可起到"一石二鸟"的治疗功效。

支正穴位于人体前臂背面尺侧，从手掌根往上5寸（约6个横指的距离），在肉和骨头的中间，摸到骨缝里的痛点就是支正穴。按摩时，可以采取揉、按、掐的手法，力度要适中，以支正穴出现酸痛感为宜。

拥有"三个一"腰痛远离你

一张硬床防腰损　有一定硬度的床可消除体重对椎间盘的压力，但"硬"也要适度，以仰卧时将手掌伸入腰下刚好不费劲为宜。

一件背心防腰寒　天冷时备件棉坎肩，夏天可多穿件背心；老人的衣服最好是长款的；闲暇时搓热手掌，摩擦腰部，也能缓解疼痛。

一个靠枕防腰痛　在沙发、椅子上放一个靠枕，能使腰部得到有效承托，维持腰椎的生理前屈，均衡腰部肌肉的压力，从而减轻劳损，预防和改善腰椎不适。

防治"五寒"有妙招

防鼻寒晨起冷水搓鼻　立冬之后"凉燥"更明显，鼻炎成了许多人的大麻烦。不妨以寒制寒，每天早上或者外出之前用冷水搓搓自己的鼻翼。每天早晚用冷水洗鼻有利于增强鼻黏膜的免疫力，是防治鼻炎的不错办法。

防颈寒穿立领装挡风寒　秋冬是颈椎病高发的季节。专家介绍，颈部是人体的"要塞"，不但充满血管，还有很多重要的穴位。穿立领装不但能挡住寒风，还能避免头颈部血管因受寒而收缩，对预防高血压病、心血管病等都有一定好处。

防肺寒喝热粥散寒　风寒感冒是冬日最常见的毛病。专家称，症状较轻的，可选用一些辛温解表、宣肺散寒的食材。有歌云："一把糯米煮成汤，七根葱白七片姜，熬熟兑入半杯醋，伤风感冒保安康。"温服后上床盖被，微热而出小汗。每日早晚各 1 次，连服 2 天。

防腰寒双手搓腰暖肾阳　专家介绍，双手搓腰有助于疏通带脉、强壮腰脊和固精益肾。肾喜温恶寒，常按摩能温煦肾阳，畅达气血。具体的做法是：两手对搓发热后，紧按腰眼处，稍停片刻，然后用力向下搓到尾椎骨。每次做 50~100 遍，每天早晚各做 1 次。

防脚寒常做足浴　足浴要注意 3 点：一是温度，水温最好 40℃左右，水淹没踝关节处；二是时间，每次浸泡 20~30 分钟，不时添加热水保持水温；三是按摩，泡足后擦干用手按摩足趾和脚掌心 2~3 分钟。最后要注意的是，以上 3 点做完之后最好在半小时内就寝，保证足浴效果。另外，足浴不宜在饭后立即进行，糖尿病人浸泡水温不宜太高。

颈椎不适试试五个"小动作"

颈椎病在中医里称为项痹病，长期伏案的人颈部往往劳损过度，导致气血瘀滞；也有些人受到风寒湿等外邪，经络痹阻，气血不通，不通则痛。此外，还要警惕空调、冷风等对颈部的"突袭"。因为受到冷刺激后，颈部肌肉会产生保护性收缩，如不进行有效保护，可进一步引起肌肉的高度紧张，使颈部肌群受累，导致颈椎间隙变窄，神经、血管受压。以下这 5 个简单的自我保健动作，可有效缓解颈椎不适：

按揉风池穴　取穴：十指张开抱头，拇指往上推，在脖子与发际的交接线各有一凹处（风府穴与颞骨乳突之间的凹陷处）。方法：用双手拇指同时按揉 100 次。

按揉颈臂穴　取穴：锁骨上窝，锁骨内 1/4 上 1 寸。方法：用食指按揉，左右各 100 次。

提拿颈旁线　取穴：自耳后最高点下至颈臂穴。方法：用四指（除拇指外）与掌根部相对用力提拿颈项肌肉，重复 9 次。

扳颈后伸法　方法：用四指（除拇指外）按于颈后部，头后仰，手向前拉，重复 9 次。

摩擦颈项法　方法：手掌置于颈后部，左右往返摩擦颈项部，重复 9 次。

如何预防消化系统老化

随着年龄的增长，消化系统从结构到功能发生一系列衰老与退化。它使消化系统的储备功能显著降低，对疾病的易感性增高，对应激和疾病的耐受性降低，同时也对老年人营养物质的摄取、吸收及利用造成一定的影响。了解消化系统各器官在老化过程中的特点，则可预防某些疾病的发生，提高生活质量。

口腔　口腔是食物消化的第一站，其老化表现主要有：牙齿松动和脱落；咀嚼肌萎缩，咀嚼乏力；唾液分泌减少；味觉钝化。

对策：老年人的食物在制作方面有特殊要求，需要通过烹饪工艺（细切、粉碎、调味）制作成细软可口的食物，以利于食物在口腔的初步消化和吞咽。

食管　食管的主要功能是传输食物，老年人食管的蠕动功能减退，食管下括约肌张力下降，不少老人患有食管裂孔疝，这是老年人胃食管反流、吞咽困难、误吸等疾病高发的重要原因。

对策：进食时应做到速度慢、食团小，以避免食管内食物嵌塞；不宜饱食，少食甜食，睡前1小时禁食禁饮，以减少或避免反流和误吸。

胃　胃的老化主要表现为胃排空延缓，尤其是液体食物和含脂类食物胃排空延迟，同时胃蛋白酶分泌能力减退，这是老年人易发生上腹胀闷、早饱感、餐后饱胀等功能性消化不良的主要原因之一。

对策：老年人应控制油腻食物摄入，一日三餐或四餐，定时定量，且不易过饱；适当的运动（散步、太极或健身操等）有助于胃排空。

小肠　小肠是营养物质消化吸收的主要场所。随年龄的增长，小肠的表面积逐渐减少，80 岁以上的老年人吸收功能明显减退。

对策：小肠对钙的吸收是随增龄而逐渐减少的，故补充活性维生素 D，增加食源性钙或补充钙剂，对防治老年人骨质疏松是必需的。

结肠　结肠的主要功能是吸收水分和形成粪便。结肠的老化主要表现为其蠕动功能减退、通过时间延长，这是老年人便秘高发的重要原因。增加膳食纤维是治疗老年人慢性便秘的基本措施。

对策：推荐老年人每天至少食用 250 克鲜嫩蔬菜加水果，可通过细切、粉碎等予以解决。

肝脏　肝脏的老化主要表现为重量减轻，体积缩小，肝血流量减少，肝药酶含量下降，肝脏对药物或毒物的代谢能力减退，老年人尽可能选择必须服用的药物，同时注意药物的配伍禁忌，减少合并用药。

对策：老年人遵医嘱、合理用药至关重要，千万不要自行用药，或听信偏方、秘方。

胰腺　胰腺随年龄变化明显，最主要的是胰腺的外分泌功能减退，即分泌胰液酶的质和量均减少，老年人对脂类食物的超量耐受能力减退。

对策：老年人不宜一次性摄入过多高脂高蛋白的食物，宜低脂饮食；蛋白质补充尤以清蒸鱼、虾、蛋为宜。

嘴里的怪味提示健康问题

腐坏鸡蛋味是肝脏问题　肝脏病变若合并胃肠修复能力不足，可能导致胃酸分泌不足，胃则成为食物残留细菌繁殖的温床，产生近似腐坏鸡蛋气味。

腐腥臭是肺部疾病　肺部感染、支气管炎、肺脓肿、慢性气管炎、肺炎、肺气肿甚至肺癌都会引起不同程度的口臭。这些气味多由积攒于肺部的黏液所致。其中，肺脓肿患者常伴有腐酸性口臭，肺结核咯血、支气管扩张咯血者常出现血腥味口臭，晚期肺癌患者常于口腔及呼气中出现腐腥臭。

酸臭味是胃病　胃幽门部狭窄或梗阻时，食物在胃内留置时间过长，会产生酸臭腐败的气味，通过口腔散发出来。反流性食管炎等胃病还可导致病理性口臭，黏附在口腔、咽喉部位的呕吐物不停释放"酸气"。

烂苹果味是血糖超标　当一个人血糖超标，未加控制时，体内的脂肪分解，就会产生酮体，其中的 α - 酮戊二酸会发出一种酸酸的烂苹果味道。当呼出这种气味时，患者体内的酮体浓度已经非常高了，接近或达到糖尿病酮症酸中毒的水平，需要及时就医。

尿臊味是肾病　尿臊味多是患有慢性肾炎或肾病的患者发出的。病程进展到慢性肾衰竭阶段（俗称尿毒症）时，由于无尿，某些毒性物质不能排出体外而留于血中，就会使病人呼出的气体散发出尿味，这是病情趋于危重的信号。

鱼腥味或是肾衰竭　肾衰竭或尿毒症的洗肾患者，由于排尿功能变差，口腔及身体易有鱼腥味。

吞咽功能不好　别用吸管喝水

不少老人在吃饭、喝水甚至咽口水时都可能会发生呛咳。老人呛咳很容易引发窒息，不可掉以轻心。尤其需要注意的是，由于用吸管喝水需要比较复杂的口腔功能，有吞咽障碍的老人最好不要使用吸管喝水。此外，如果用杯子喝水，杯中的水至少要保证半杯，因为低头饮水的体位容易增加误吸的危险。

如何预防老人饮食呛咳呢？专家提醒，有吞咽障碍的老人饮水时要注意以下两个问题：1. 不要使用吸管，因为吸管喝水需要比较复杂的口腔功能；2. 如果用杯子饮水，杯中的水至少要保证有半杯，如果水过少，需要低头饮水，这种体位容易增加误吸的危险。

有吞咽障碍的老人在进食时要注意以下几个方面：1. 给予半坐卧位，呈 30~60 度。2. 选择软质、半流或糊状的黏稠食物，少量多餐，每次进食量约 300 毫升。3. 如有食物滞留口中，要用舌的运动将食物后送以利于吞咽。

四妙招有助于预防肝癌

喝铁观音　喝茶对防肝癌很有益，尤以闽南一带常见的铁观音为最佳，雨前龙井也不错。

吃奶制品　医学研究证明，在控制喝酒的情况下，如果每天食用奶制品，包括牛奶及酸奶等，患上肝癌的几率将减少 78%。

吃胡萝卜、柑橘　蔬菜和水果对肝脏的保护作用是由其中的维生素、矿物质、纤维等之间的相互作用产生的。绿叶蔬菜、胡萝卜、土豆和柑橘类水果的预防作用最强。专家建议，每天应吃 5 种或 5 种以上的蔬菜水果，包括早晨喝一杯果汁，上、下午各吃一片水果，正餐时再吃两份以上蔬菜，这样一天总摄入量为 400~800 克，可使患肝癌的危险性降低 20%。

多吃"三笋" 三笋，即竹笋、莴笋和芦笋。专家提示日常多吃这 3 种食物，可降低肝癌的发生率，而且美味可口。

防中风常做四个小动作

对抗中风，重要的还是预防。每日坚持练习下面 4 个动作，对预防脑中风能起一定作用：

按按头 五指分开屈曲，指腹从前额缓慢旋转按压至头顶再至脑后部，双手轮流按压各 5 次，可有效改善脑部血液循环和大脑供血。

擦擦颈 五指并拢，双手对指置于颈后，轮流按擦颈后左右两侧，皮肤轻微发红发热为宜。可促进颈部血管平滑肌松弛，减少血脂沉积。

扭扭脖 颈部放松，平和舒缓地前后左右转动，转至最大幅度保持 5 秒再向反方向转动。可增加血管的抗压力和韧性，活血通络。

耸耸肩　肩部放松，双手自然垂放于两侧，双肩由后向前旋转 10 次，再由前向后旋转 10 次，之后双肩上提放松各 10 次。可使肩部肌肉放松，缓解颈肩部神经、血管压力，促进大脑供血。

慢阻肺的食疗方

百合柚子饮　新鲜柚子皮一个，百合 120 克，五味子 30 克，川贝 30 克，放入砂锅内，加水 1500 毫升，煎 2 小时，去药渣，调入适量白糖，装瓶备用。每剂 3 日服完，连服 5~10 剂，适用于各型慢阻肺患者。

四仁鸡子粥　取白果仁、甜杏仁各 100 克，胡桃仁、花生仁各 200 克。将四仁混合捣碎，每次取 20 克，加水一小碗，煮沸片刻，打入鸡蛋一个，加冰糖适量，顿服。每日 1 次，连服 3 个月，适用于慢支炎合并肺气肿的老年患者。

贝母冰糖饮　贝母粉 10 克，北粳米 50 克，冰糖适量。用北粳米、冰糖煮粥。待米汤未稠时调入贝母粉，改文火稍煮片刻，粥稠而成，每日早晚温服。此饮具有化痰止咳、清热散结的功效，治疗慢性阻塞性肺气肿。

核桃人参汤　核桃仁 20 克，人参 6 克（或党参 15 克），生姜 5 片（或加川贝 5 克）。加水适量，煎取 200 毫升，去姜片，加冰糖适量调味，临睡前温服。对肾不纳气的虚性慢阻肺患者效果尤佳。

人参蛤蚧粥　蛤蚧粉 2 克，人参粉 3 克，糯米 100 克。先将糯米煮成稀粥，待粥热时加入蛤蚧、人参粉搅匀，趁热服。

莱菔子粥　莱菔子末 15 克，粳米 100 克。将莱菔子末与粳米同煮为粥。早晚温热食用。

两个食疗方改善失眠

茶叶加酸枣仁　每天早晨 8 点以前，取绿茶 15 克用开水冲泡 2 次，饮服，8 点以后不再饮茶；同时，将酸枣仁炒熟后研成粉末，每晚临睡前取 10 克用开水冲服。连续服用 3~5 天，即可见效。茶叶能提神醒脑，对失眠者白天精神萎靡、昏昏欲睡的状况有调整作用。酸枣仁有养心安神、抑制中枢神经系统的作用，可促进失眠者在夜间进入睡眠状态。

桂圆莲子红枣糯米粥　桂圆肉 10 克，莲子 20 克，红枣 3 颗，糯米 60 克，冰糖适量。先将莲子去心，桂圆肉去杂质，红枣去皮、核；糯米淘洗干净，冰糖打碎成屑。然后将莲子、桂圆肉、红枣、糯米同放锅内，加水 500 毫升，置武火上烧沸，再用文火煮 3 分钟，加入冰糖屑即成。该粥能显著改善睡眠，特别适合气虚失眠的老年人。

吃香蕉、鳄梨防动脉硬化

香蕉和鳄梨不但美味，而且营养丰富。最新研究证实，香蕉和鳄梨中的钾可以预防动脉硬化。

钾是控制心率和血压必不可少的矿物质。一项实验发现，减少饮食中钾的摄入会使小鼠心脏病和中风的风险增加。

实验中研究人员把患心脏病风险较高的小鼠分为 3 组，分别投喂低钾、正常和高钾饮食。结果发现，饮食中含钾量较低的老鼠和含钾量正常的老鼠比起来，前者的动脉钙化和硬化的现象较严重。吃高钾食物的老鼠血管硬化的情形较少。

一根香蕉中含有 467 毫克钾，一个鳄梨中含钾量高达 975 毫克。吃香蕉和鳄梨确实有助于防止动脉狭窄和粥样硬化，降低心脏病发作风险。

研究结果强有力地证明了摄入充足的钾可以预防动脉粥样硬化、血管钙化，以及低钾摄入的不利影响。

红糖炒核桃治胃病

有胃病的朋友都有这样的感触：一旦发作就隐隐作痛，胃胀，食欲不好……反反复复，难以治愈，重则可能发展为胃癌，威胁生命。

胃部不适时，可以尝试食用"核桃炒红糖"，帮助预防和治疗胃病。

具体方法是：将 7 个核桃去皮、切碎，放入铁锅中，用小火炒到淡黄色，放入红糖约 750 克，再炒几下出锅，分成 12 份。每天早晨空腹吃 1 份，半小时后再吃饭、喝水，连吃 12 天，慢性胃炎就会有所好转。

核桃健胃，红糖温经散寒，都是性温食物。核桃是食疗佳品，对于慢性胃炎、心脑血管疾病、慢性气管炎、哮喘等有很好的预防和治疗作用。

上述小方适用于中医辨证属于阳虚型的慢性胃炎患者，阴虚、湿热等原因导致的慢性胃炎则不适合。

两款粥治胃病

天气渐凉，人体易受冷空气侵袭，胃也格外容易受凉。以下两款药膳能有效防治胃病：

双姜粳米粥　主治脘腹冷痛腹泻。干姜 8 克，高良姜 8 克，粳米 50 克。先将干姜与高良姜切成片，一起放入锅中，加少量的清水煎煮后取汁待用；然后将姜汁与粳米一起入锅加清水煮粥，米熟即成，早晚各吃 1 次。此方具有祛寒止痛的功效，适宜脾胃虚寒、泛酸吐水的患者食用。

苏叶生姜汤　主治胃寒厌食呕吐。新鲜紫苏叶 10 克，生姜 3 片，大枣 10 枚。先将大枣洗净去核，新鲜紫苏叶切成丝；然后把紫苏叶丝与姜片、大枣一起放入砂锅中加适量的清水用大火煮至水开后，再改用文火炖 30 分钟即成。食用时吃枣喝汤，每日 1 剂。此方具有暖胃散寒、消食行气的功效，适宜胃寒厌食的患者食用。

吃撑松腰带易致胃下垂

很多人吃撑了便去卫生间，将皮带松上一两格。专家介绍，酒足饭饱之余放松皮带看似解放了肚腩，其实却是一种放纵和伤害。这样会使得腹腔内压下降，无形中逼迫胃部不断往下，长此以往就可能破坏腹腔内压平衡，患上胃下垂。

如果饭后的确觉得腹部鼓胀难受，可考虑通过慢走来缓解饱胀感，待食物循序渐进自行消化。当然最好还是不要经常性吃撑，健康饮食七分饱就好。

四法缓解天冷头痛

秋冬季节，室内外温差大，冷空气会使血管突然收缩、扩张而致头痛，也可能使颈部肌肉紧绷，影响头部血液循环而头痛。

减少温差　天冷外出时戴围巾、帽子；从室外到有暖气的室内时，先开窗降温。

冷敷或热敷　过冷时头痛可用热毛巾敷颈部 10~15 分钟；从室外到温暖室内而头痛时，则将冷毛巾敷额头

10~15分钟。

洗澡后保暖　洗澡后穿衣保暖，泡澡后不要马上起身，待心跳、呼吸稳定后再缓缓起身并穿衣保暖。

吹干头发　洗头后头发如果没吹干，水分会在蒸发时吸收热能，导致头皮、颈部等部位受凉，最好要尽快吹干。

中医针灸可减轻关节疼痛

秋雨连绵数日，膝关节炎患者对此最为敏感，那钻心的酸痛早在雨季到来前就把天气来预报。有效控制疾病进展还需从改变日常生活行为开始。

中医将膝骨关节炎归属于"痹证"中"骨痹""筋痹"范畴，祖国医学对膝骨关节炎多采用针灸、推拿、中药熏洗等方法，均有确切的临床疗效，而在众多保守疗法中，针灸作为中医治疗传统优势手段，被视为效果明显的治疗方法之一。

专家指出，针灸治疗主要针对膝骨关节炎严重影响患者生活质量的两大主症"疼痛"和"膝关节功能障碍"，通过穴位选取针灸手法，结合电针、拔罐疗法等，抑制痛觉中枢，增强机体的免疫功能，发挥镇痛效应，达到活血化瘀、疏通经络、散寒除湿的目的。

在日常生活中，如果注意营养均衡，补充钙质，少饮酒，多饮茶，合理调整膳食结构，可以降低患者膝骨关节炎发生的风险。同时在治疗过程中，通过对患者宣传教育，加强患者自我保健意识，进行适当而合理的运动和休息，保持健康的生活及行为方式、乐观积极的治疗态度，可以提高膝骨关节炎患者的生活质量。

秋季止咳选药有门道

秋天可谓"咳嗽季"，有的人咳痰，有的人干咳，有的人更是久咳不愈。那么，如何选对药治好病？

第一步：辨寒热　一般人咳嗽都不是常年如此，而只是受了风寒、风热等侵袭，往往病程在3周以内，属急性咳嗽的范围。这时，辨明是风寒咳嗽还是风热咳嗽至关重要。

风寒咳嗽一般会喉咙发痒，痰稀色白，或伴有鼻塞、流清涕、头痛、肢体酸痛等症状。这时应当选择疏风散寒的药物，如小青龙颗粒、通宣理肺丸等，痰多者还可选用蛇胆陈皮口服液。风热咳嗽一般比较剧烈，咳声嘶哑，咽喉肿痛，痰黏发黄，或伴有流黄涕、口渴、头痛等症状。这时应当选择疏风清热的药物，如桑菊感冒片、清肺丸、清肺抑火化痰丸、牛黄蛇胆川贝液等。

第二步：听声音　秋季咳嗽常是干呛咳，一般口燥咽干，没有痰，这是燥邪侵犯人体引起的，适合服用养阴清肺丸、秋梨膏、川贝枇杷露等润燥之品。如果咳嗽声怯，语音低，加上容易出汗，怕风寒，则常是肺虚咳嗽，方剂常用甘草干姜汤、生脉散、四君子汤等，以巩固肺气。如果咳嗽阵发，声音洪亮高亢，伴有口苦、胁肋发胀等表现，则常是肝火犯肺导致的，方剂常用黛蛤散合泻白散等，平时还要注意情绪的疏导。

第三步：看痰液　中医认为有声无痰叫作咳，有痰无声叫作嗽，因此有没有痰是选择止咳药的重要依据。中医有句话"燥者润之"，对于无痰的干咳，选养阴清肺丸就不错。白稀痰是受寒的表现，还可能伴有喉咙痒。苏叶和麻黄是散寒最好的药。喉咙痛、痰稠黄是风热咳嗽的表现，可以用鱼腥草、急支糖浆治疗。中医认为，脾为生痰之源，肺为储痰之器，长期咳嗽痰多是脾胃功能失常的表现，选止咳橘红丸再合适不过了。

第四步：审病势　病势和病程是判断咳嗽属外感还是内伤最直观的特征。一般来讲，病势急（咳嗽突发，频频作咳）、病程短（3周以内）的多是外感咳嗽，此时不宜服用诃子、五味子等敛肺收涩的药物。病势缓（偶尔咳嗽，不剧烈）、病程长（两年以上）的多是内伤咳嗽，多因本身正气不足，不能及时将邪气排出体外而生，此时不能盲目选择疏散外邪的药，如通宣理肺丸、小青龙颗粒等，否则易耗阴，伤肺气。咳嗽在发展过程中，还会出现一些兼证，比如咳嗽伴有两侧胁肋疼痛者，多为肝气化火，可选择疏肝、泻肝的黛蛤散治疗。经常咳嗽伴有鼻塞、汗出者，常是体质不好、肺气偏虚的表现，治疗可用玉屏风散或御寒汤，以增强机体的抵抗力。

第五步：记时间　一般早上咳嗽加剧者，多咳声重浊，咳痰后减轻，这一般是痰湿、痰热咳嗽，药物可以选择复方鲜竹沥液、蛇胆陈皮口服液、止咳橘红口服液等。午后或黄昏咳嗽加重，咳声轻微短促者，多是肺燥阴虚，治疗常用养阴清肺丸、川贝枇杷露等。夜间平躺时咳嗽，坐起来好转者，多是有水饮压迫肺脏，治疗常选苓甘五味姜辛汤（茯苓、甘草、五味子、干姜、细辛）等。

秋季要防这些"气象病"

首先，温差大导致"气象过敏症"。秋季的气温与湿度有所降低，气压则有所升高，这势必影响人体细胞的摄氧量。抑郁、失眠、头疼等气象过敏症就是生理机体适应气候变化的反应。

其次，天气剧变引发牙病。据分析，当冷锋过境以及在冷气团控制下，牙周炎容易发作；刮风天气，牙周炎也容易发作。牙髓炎发作也多在寒冷的天气。冷锋天气也容易发生牙出血。

第三，气压变化诱发溃疡病。通常，当有锋面经过时，即天气发生明显变化之时，溃疡病症状会加重。

最后，天气变化还容易诱发关节痛。当日变温在3℃以上，日气压变化在 10 百帕以上，日相对湿度变化大于 10% 时，关节痛病人就会多起来。每年 10~11 月，是关节痛的多发季节。

秋天治燥咳　拍拍尺泽穴

肺是一个非常娇气的脏器，"喜润恶燥"，即喜欢湿润，对干燥的环境特别敏感。所以，到了干燥的秋季，人们容易出现肺热咳嗽、口干、咽痛、黄涕、痰黄等症状，此时拍拍尺泽穴能有效缓解这些问题。

"尺泽"意为如水之归泽，是手太阴肺经的重要穴位，位于肘横纹上，肱二头肌腱桡侧凹陷处，其主要作用是清肺泻热，宣肺利咽。取穴时，手掌朝上，肘部微微弯曲，先在肘弯里摸到一条大筋，该条大筋的桡侧缘与肘横纹的交点就是尺泽。对于该穴，可以通过拍痧的方式来刺激：四指并拢，手臂略弯，中指点到尺泽穴的位置上，然后进行拍打，力量要均匀，刚开始拍会发红，继续拍会慢慢出痧。另外，还可以通过按揉和艾灸的方法刺激：每天按揉 3~5 分钟，每天 2 次，或艾灸 1~2 次，每次 15 分钟左右。

尺泽穴不仅可以治疗肺热咳嗽，还有护肤的功效。肺一旦有热、有毒，脸上的皮肤就会变得敏感、干燥或者起痘。爱美的女性不妨在空闲时间用手拍拍尺泽穴，但是记得要拍出痧来才有效果。

肩痛并非都是肩周炎

肩痛很常见，一旦出现，人们往往会想到肩周炎，甚至很多医生也会笼统地诊断其为"肩周炎"，从而要求患者进行肩关节大范围运动。事实上，肩周炎的发生率并没有那么高，很多肩痛是因肩袖撕裂所致。临床中的漏诊误诊及不适当的关节运动，都会导致病情加重，造成疼痛迁延不愈。因此，正确识别肩痛的原因至关重要。当前，慢性肩关节疼痛已成为继慢性头痛、慢性下腰痛之后的第三大疼痛。

肩袖撕裂是运动医学领域的常见病，绝大多数患者虽能抬得起手臂，但总觉得没劲儿，也无法持久保持在一个状态上，还有人在开车时不能久握方向盘，乘飞机时不能托举行李箱，夜里睡觉不能拉被角等。80%的患者在做这些动作时明显感到疼痛以及力量差，严重者甚至连梳头、刷牙也觉得困难。

虽然该病对生活的影响很大，但长期以来一直被人们忽略，同时也存在很多诊疗误区。一项调查显示，约有80%的人在一生中都有过不同程度的肩痛经历，但很多人选择忍耐，或者误以为养养就能好，还有些人通过增加运动或按摩、热敷等方式缓解，极少有人会到医院就诊。

事实上，肩痛并不都是肩周炎。临床中发现，更多的肩痛患者源于肩袖损伤。长期不运动、拎重物前不经过准备或其他意外情况，以及肩部退变等，都是可能导致肩袖损伤造成肩痛的因素。此类人群若进行不合理的运动，反而会适得其反，加重病情。

因此，当出现肩痛后，应到正规医疗机构就诊，一般可通过 X 片、超声、CT、核磁共振等检查确诊，但"诊断金标准"是关节镜。对于怀疑肩袖损伤范围较大的人群，国际上首选关节镜检查，因为它不仅可以确定病变大小，同时还可进行治疗。

所谓肩袖损伤，就如同衣服上破了个小洞。如果长期延误就诊，会导致病情进一步恶化。

对于此类疾病的治疗，国内外通行的方式有两种，即保守治疗和手术治疗。在肩袖损伤初期，可服用消炎镇痛药以及涂抹外用药，或在肩峰下的间隙进行封闭注射治疗。如果保守治疗 3~6 个月，病情仍没有明显缓解甚至加重，则应考虑手术治疗。手术首选微创，也就是通过关节镜，把撕裂的肩袖组织缝在一起。如果检查发现肩袖损伤已经变成"大洞"，就要考虑更换肩关节，但这种开放式手术创伤较大。

六个动作缓解肩周炎症状

手指爬墙　面对墙壁站立，用患侧手指沿墙缓缓向上爬动，使上肢尽量高举到最大限度，在墙上做一记号，然后再徐徐向下回原处，反复进行，逐渐增加高度。

旋肩　站立，患肢自然下垂，肘部伸直，患肢由前向上向后画圈，幅度由小到大，反复数遍。

体后拉手　自然站立，在患侧上肢内旋并向后伸的姿势下，健侧手拉患侧手或腕部，逐步拉向健侧并向上牵拉。

头枕双手　仰卧位，两手十指交叉，掌心向上，放在头后部（枕部），先使两肘尽量内收，然后再尽量外展。

梳头动作　站立或仰卧均可，患侧肘屈曲，前臂向前向上并旋前（掌心向上），尽量用肘部擦额部，即做擦汗动作。

后伸摸棘　自然站立，在患侧上肢内旋并向后伸的姿势下，屈肘、屈腕，中指指腹触摸脊柱棘突，由下逐渐向上至最大限度后静止不动，两分钟后再缓缓向下回原处，反复进行，逐渐增加高度。

提醒：以上动作不必每次都做完，可交替锻炼，每天 3~5 次，每个动作做 30 次左右。

拍拍手也能赶走疾病

中医认为，人的双手集中了与体内各组织器官相联络的穴位，经常刺激手部，可以轻松缓解相应部位的病症。下面我们就来介绍几种常见的"拍手疗法"：

脾胃不和拍手心　将两手十指伸直张开，手心相对，两手相合拍打手心 100 次，以微微发红发热为度。拍完搓一搓手心，可加快局部血液循环及产热。手心所在的穴区对应于消化系统，有脘腹胀满、腹痛腹泻、打嗝反酸等脾胃不和症状的人不妨试试。

脊柱不好拍手背　将两手伸直张开，手背相对，两手相合拍打手背；或用一手手心拍打另一手手背，做

100 次，以手背微红热为度。手背所在的穴区对应整个脊柱，包括颈、胸、腰、骶椎，有颈椎病、腰椎病等脊柱不好的患者，不妨多拍拍手背。

肾脏不好拍掌根　将两手向上翘一翘，再手心相对，露出掌根；或将两手十指相扣，掌根相对，两手掌根相互拍击 100 次，以掌根微痛、能够忍受为度。掌根所在的穴区代表的是泌尿生殖系统，包括肾、输尿管、卵巢、子宫、前列腺等。

关节不好互叩十指　两手十指相对，一手的五指分别与另一手的五指叩击 100 次，以指尖微痛微胀为度。十指从指根到指尖分别对应着肩、肘、腕及髋、膝、踝，互叩对相应关节引起的关节炎、关节疼痛都有不错的缓解效果。

肝郁脾虚虎口对击　两手拇指、食指张开，虎口交叉轻轻接触，再相互对击 100 次。左手虎口对应脾，右手虎口对应肝，两手虎口相击，两脏关联，对于肝郁脾虚、肝脾不和者有一定疗效。这类人一般有胁肋胀痛（恼怒抑郁时严重）、脘腹胀满、食少没胃口、排便不爽等表现，建议经常做一做。

四种肾病易跑错科室

得了肾脏相关病，不是都要去肾内科就诊。在这里给患者们提个醒，以下疾病别挂肾内科：

泌尿系结石　肾与输尿管结石的典型表现为肾绞痛与血尿，在结石引起绞痛发作以前，病人没有任何感觉，由于某种诱因，如剧烈运动、劳动、长途乘车等，突然出现一侧腰部剧烈的绞痛，并向下腹及会阴部放射，伴有腹胀、恶心、呕吐、程度不同的血尿。膀胱结石主要表现是排尿困难和排尿疼痛。泌尿结石的诊断最常用的方法是 B 超检查，可以发现 0.3 毫米以上的结石。如果确诊得了泌尿系结石，应该到泌尿外科治疗。

腰痛　腰痛是一个症状，不是一个独立的疾病，引起腰痛的原因是比较复杂的，肾脏疾病、风湿病、腰肌劳损、脊椎及脊髓疾病等均可导致。需要指出的是，一般肾内科疾病如肾炎综合征、肾病综合征、急慢性肾功能不全等，往往不引起腰痛。所以，出现持续且不明原因的腰痛，不要掉以轻心，应先到骨科、风湿免疫科确诊，避免耽误某些严重疾病的诊断。

肾囊肿　这是成年人肾脏最常见的一种结构异常，

可以为单侧或双侧，一个或多个，直径一般 2 厘米左右，也有直径达 10 厘米的囊肿，多发于男性。由于单纯性肾囊肿多无症状，对肾功能和周围组织影响不大，因此不需治疗，6 个月到 1 年随诊。如果超过 5 厘米或对周围组织产生压迫症状，引起尿路梗阻，则需要就诊于泌尿外科，行囊液抽吸术并在囊内注射硬化剂。如果直径超过 10 厘米则需手术治疗。只有当肾囊肿影响到肾功能，导致肾功能不全时，才需到肾内科就诊。

泌尿系肿瘤　可发生于泌尿系统各部位，包括肾盂、输尿管、膀胱、尿道。一经确诊，应立即到泌尿外科就诊。

一张柚子皮搞定七种病

小儿肺炎　将柚子皮晾干后，放入锅内，加水适量煮开几次后，把汤汁倒入碗里给患儿喝下，一般连喝几次就会见效。

冻疮　用晒干的柚子皮水煎取浓汁，用毛巾蘸取浓汁热敷患处，破皮之处忌敷。此方法最好坚持到冬天结束。如果冻伤处没有破皮的话，可以放入几个干辣椒。

需要注意的是，锅和毛巾最好是单独使用的，煮好的水不需更换，但每次一定要煮开，加入新水一定要延长煮沸的时间。

脚气　将柚子皮加水适量煮开后，倒入洗脚盆内泡脚。

食积不化　取柚子皮和萝卜子各15克，水煎分4次服，每日1剂。

关节疼痛　柚子皮300克，生姜50克，切碎后捣烂外敷患处。

支气管炎　蜜柚皮1张洗净，连黄皮带白瓤，一起切碎，放入大碗中，加冰糖50~100克、适量水，蒸至熟烂，每次连汤带皮吃小半碗，每天2次。

老人久咳不愈　去掉柚皮表层黄皮，将剩下的瓤切碎，加适量冰糖、水，蒸至熟烂，每次吃50~100克，早晚各1次。

五种食物可防冠心病

医学研究发现，以下食物具有降低血脂的效果，对预防冠心病有一定意义：

大豆　研究证明，经常食用大豆可明显减低高胆固醇血症，抑制动脉粥样硬化的发生。

蘑菇　研究人员发现，香菇、花菇、口蘑等蘑菇，不但有明显降低血清胆固醇的效果，而且对降低肝脏脂肪也有作用。

大蒜　具有解毒抗菌、健胃镇静等作用。大蒜汁对高脂血症以及动脉粥样硬化症有明显的预防效果。

洋葱　洋葱味辛、性温，具有发汗解毒、散寒通阳的作用。洋葱对人体动脉粥样硬化症的预防作用与大蒜相似，只不过效果稍差些。

甲鱼　甲鱼对降低血清胆固醇有较明显的作用。

吃豆腐益骨防痴呆

传统美味的豆腐具有口感滑嫩、韧性足、口味纯等优点，是老少适宜的地方特色家常菜。

豆腐营养丰富，每 100 克水豆腐中含蛋白质 6.2 克、钙 116 毫克，是日常食物中补充蛋白质与钙之佳品。同时，豆腐还含有钾、磷、镁、铁、锌、铜、硒、锰等多种营养成分。

　　豆腐钙含量高，可以预防和抵制骨质疏松症，同时含有植物固醇，在体内能转化为雌激素，因此更年期或绝经后的女性吃豆腐预防骨质疏松效果更佳。有研究提示，豆类制品能提高记忆力和注意力，能起到预防老年痴呆的作用。

　　值得注意的是，豆腐虽然好，但是不宜天天吃，一次食用也不要过量。由于豆腐性寒，胃寒者和易腹泻、腹胀、脾虚者都不适合多吃豆腐。因此我们提倡在食用豆腐时，一天吃一次是最好的，而且在这一餐中也不要食用过多。另外，黄豆制成豆制品后，嘌呤含量会较之前有所升高，所以痛风患者发作期不建议吃豆类制品。

枣仁夜交藤合欢茶缓解心悸

　　"心悸"是中医病名，相当于现代医学的各种心律失常。中医认为，该病多因体虚劳倦、情志内伤、感受外邪、药物中毒以致气血阴阳亏虚、心失所养导致，可以喝杯枣仁夜交藤合欢茶，对缓解上述症状非常有效。

　　该药茶由枣仁、夜交藤各30克，合欢花、合欢皮各10克，生甘草5克组成，水煎后代茶饮，有益气养血、解郁安神的作用。方中枣仁甘酸质润，归心、肝经，能补血养肝，宁心安神，为养心安神之要药；夜交藤味甘性平，归心，肝经，养血安神的效果也非常好；合欢皮与其花蕾合欢花味甘性平，两者均有解郁安神之功效；生甘草归心、脾胃、肺经，能补益心气，可治疗心气不足。诸药合用，对缓解心悸、乏力、心烦、健忘多梦、失眠等效果十分显著。

服用此方的同时，患者还应保持健康的生活方式。如规律作息，低脂、低糖、低盐饮食，保持乐观、知足常乐的良好心态。

最好的止咳药就在厨房里

红白糖煮豆腐 做法：把老豆腐当中挖一窝，放入红、白糖，放入碗内隔水蒸 30 分钟，一次性吃完，连服 4 次。适用：清热，生津，润燥，各种咳嗽均可。

玉米须橘皮水 做法：干净玉米须、橘皮各适量，共加水煎，日服 2 次。适用：祛风，散寒，止咳，尤其擅长祛痰湿咳嗽。

萝卜猪肺汤 做法：萝卜 1 个，猪肺 1 个，莲子 15 克。

加水共煮 1 小时。 适用：清热化痰，止咳平喘。若久咳不止，痰多气促，这个汤可以"以形补形"。

百合鸡蛋 做法：先将鸡蛋打入碗中，搅匀。百合干泡水煮沸，趁热冲蛋，搅和，再倒入姜汁，调匀。每日早晚各服 1 次。 适用：久咳不愈，可补虚损。有上火的症状时，则不要放姜。

蜂蜜蒸梨 做法：先把梨挖去核，将蜂蜜填入，加热蒸熟。每日早晚各吃 1 个，连吃数日。适用：生津润燥，止咳化痰。可改善肺有虚热、咽干咳嗽、手足心热等症状。

大风降温防范面瘫

中医认为，面瘫是由面部经络气血不通造成的。在日常生活中应如何防范呢？

避免受凉 吹冷风、受冷水刺激是最常见的致病因素。生活中要避免面部直吹冷风，尤其是出汗之后；乘车、洗浴、饮酒后不要让风直接吹头面部，勿用冰冷的水洗脸，天冷注意保暖，出门可戴帽子、口罩保护。

坚持锻炼 早晨及傍晚可根据自身情况选择适合自己的体育项目，如散步、体操、太极拳、八段锦等健身项目，坚持锻炼，如遇大风及气温下降明显的天气，要暂停。

休息减压　早睡早起，养成良好的作息习惯，中午午睡，每天保证七八个小时的睡眠时间；少看电视，少用电脑，避免各种精神刺激和过度疲劳；学会自我心理调养，保持情绪平稳。

穴位按摩　预防、缓解面瘫可选择翳风穴、四白穴、风池穴等。闭上双眼，用双手食指指腹同时按揉耳垂后耳根处的翳风穴，力度适中，按顺时针和逆时针方向各按揉 20 次。然后用双手食指指腹按压瞳孔直下 1 寸的四白穴，每次按压后停留 3 秒钟，抬起后休息 2 秒，如此反复 20 次。之后将双手食指移向后枕部两侧入发际凹陷处的风池穴，按顺时针和逆时针方向各按揉 20 次。

预防闪腰多练仰卧起坐

中老年人容易闪到腰，这与脊椎的退行性改变有关，同时也是核心部位肌肉力量退化造成的，要想避免，可多练仰卧起坐。

先通过散步等锻炼，提高身体健康水平，感觉没有腰椎部位异常疾病的健康老年人可以加强锻炼仰卧起坐。

方法：仰卧在垫子或床上，屈膝成90度，两手贴于耳侧，收缩腹肌，将上身卷起，到最大限度停一会儿，然后慢慢放下，几乎贴近地面时停下，立即做下一次动作。

中老年人练习仰卧起坐，应请家人或朋友站在身前，两人四手相握，在对方的协助下完成仰卧起坐的动作。一般每次1~2组，每组8~12次。这个动作能够加强腹部肌肉，给脊椎提供强有力的保护。

别把儿童肺炎当感冒

肺炎是儿童重点防治的"四大疾病"之一，因为和感冒的症状相似，常常会被人们误认为是感冒，影响治疗。建议学会"一测、二看、三听"。一测，测体温。小儿肺炎会持续发热，使用了退烧药也只能暂时缓解；而小儿感冒发烧，用退烧药后，病情明显缓解。二看，看精神状态，小儿肺炎时精神不佳，而小儿患感冒时精神较好；看饮食，小儿患肺炎时食欲下降，而小儿感冒时饮食正常；看睡眠，小儿患肺炎时多睡易醒，夜里有呼吸困难加重的趋势，小儿患感冒时睡眠正常。三听，家长可以在孩子安静时仔细听脊柱两侧胸壁，肺炎患儿能听到"咕噜"般的声音，感冒患儿则没有。

小儿积食喝点三星茶

孩子有眼屎、嘴唇红，很多家长都觉得是上火，其实，这些表现大多是积食引起的。

如何判断小儿积食？专家建议家长每天早上起床后做好4个步骤：看孩子舌苔厚不厚，闻口气是否酸臭，回想晚上孩子睡得好不好，再观察孩子大便怎么样。

如果发现孩子积食，要及时改变饮食习惯。专家说，控制饮食是防治儿童消化不良的最佳方法。若控制饮食后还不能助消化，家长可以给孩子喝由谷芽、麦芽、山楂组成的三星茶。谷芽、麦芽是平性的，山楂是温性的，这3种食材可以帮助消化。

缓解肌肉抽筋有妙招

肌肉痉挛通常称为抽筋，即腿部肌肉出现突然间的痉挛，这种现象一般持续几秒钟，但患者往往觉得持续了足有几分钟。幸运的是，一些简单、天然的方法就能治愈肌肉抽筋：

做拉伸　睡眠过程中肌肉抽筋的原因之一就是脚趾朝下的正常侧卧睡眠姿势缩短了小腿肌肉，它们更容易收缩，引起疼痛的痉挛。为舒缓抽筋，可以先弯曲脚趾，然后再伸直脚趾；每个姿势都保持 2~3 秒钟，反复做约 1 分钟。随后，站在一面墙前，将抽筋的那条腿向后拉伸，另一条腿的膝盖弯曲。

补钙　很多肌肉抽筋是由于缺钙造成的。食用大量含有丰富钙质的食物（如乳制品和绿叶蔬菜），以及服用含有钙的营养补充品，就能减轻缺钙症状。也可以通过在睡觉前饮用一杯温牛奶来补钙。

甘菊　甘菊这种药草可以用来防治肌肉痉挛，含有 36 种抗炎成分。它还能增加甘氨酸的含量，这种氨基酸能松弛平滑肌，从而起到缓解肌肉痉挛的作用。肌肉痉挛患者可以在白天饮用几杯甘菊茶，或服用含有甘菊有效成分的营养补充品。

生姜水擦背治风寒咳嗽

"立冬"后，天气会明显变得寒冷起来，小儿稍不注意就容易引起风寒感冒，出现发热、咳嗽、流清涕、舌苔白等症状。针对风寒感冒引起的咳嗽，有一个简单无副作用的好方法就是"生姜汁擦背"。

具体方法：生姜适量研末取汁，兑一半温开水，将兑好的生姜汁在小儿背部肺俞穴（第 3 胸椎旁开 1.5 寸）、大椎穴、风门穴（第 2 胸椎旁开 1.5 寸）反复擦拭，直到背部发红为止，事后用温水洗净擦干，如孩子不能耐受，请随时用温水擦干净。

这些穴位都有补益肺气、宣散风寒的作用，加之生姜汁温肺化饮，可增强温宣肺气、疏散风寒的功效，有很好的止咳作用，家长不妨一试。

黄芪桂枝五物汤可治多种病

黄芪桂枝五物汤来源于《金匮要略》，由黄芪、生姜各 12 克,桂枝、芍药各 9 克,大枣 4 枚组成,是治疗风湿性关节炎、类风湿关节炎以及关节酸痛症的良方。临床实践发现,黄芪桂枝五物汤还可以治疗以下许多疾病:

颈椎病 颈椎病主要是由于颈部长期劳损引起的一种疾病,该病病情缠绵,时轻时重,主要表现为颈肩肌肉酸痛、麻木,治疗时可用本方加些当归、川芎、桃仁、红花、姜黄等,疗效更好。

肩周炎 肩周炎是肩关节软组织的一种慢性退行性病变。早期主要表现为肩关节周围持续酸痛,抬举上臂或旋转上臂时会出现疼痛,且活动受限。治疗时可用本方加羌活、秦艽、防风、威灵仙、姜黄等。

坐骨神经痛 坐骨神经痛分为原发性和继发性两类。原发者多由感受风寒湿邪所致;继发者多由腰、骶椎骨关节病变所引起。临床主要表现为腰臀部位疼痛,并可向大腿、小腿、足背放射。对于原发性者,可用本方加丹参、当归、川乌、草乌、川牛膝、蜂蜜、炙甘草等,疗效可靠。

脑血栓 形成原因主要为血管狭窄、血流成分改变以及血流迟缓等,多表现为语言不利、半身不遂、口眼歪斜，可用本方加当归、川芎、桃仁、红花、地龙等治疗，疗效满意。

心绞痛　心绞痛是心肌急剧、暂时性缺血与缺氧所引起，其特点为阵发性的心前区压迫或疼痛，可放射至左上肢。可用本方加瓜蒌、红花、三七粉等。

拔罐疗法治小病

落枕　冬天不少人一觉醒来发现脖子疼痛得厉害，不能转动，落枕了。对于风寒阻络证型的落枕，使用火罐疗法较好。这类落枕患者的主要特点是：晨起出现颈项、肩背部疼痛僵硬不适，转侧受限，尤以旋转后仰为甚，头歪向健侧，肌肉痉挛酸胀，可伴有恶寒、头晕、精神疲倦、口淡不渴等症状。

肌肉痉挛　冷风吹起，颈肩部肌肉暴露在外，极易受到风寒之气的刺激，使局部肌肉保护性收缩，从而导致颈肩部肌肉紧张痉挛，进而压迫到神经、血管，发生疼痛不适。寒阻经络型的颈肩部疾病患者比较适合火罐疗法的治疗。这类患者的主要症状是：头痛、后枕部或者肩部疼痛，颈项僵硬，转侧不利，一侧或两侧肩背与手指麻木酸痛，或头痛牵涉至上背痛，颈肩部畏寒喜热，颈椎旁有时可以触及肿胀结节。

咽喉炎　患者高热、便秘、咽喉肿痛剧烈，甚至出现脓点等热毒症状比较明显时，在位于脖子后面的大椎穴拔罐治疗，有助于退热下火、扶正祛邪，调整人体阴阳平衡的作用更好。

食疗方治妇科病

对付妇科炎症，一般都是用消炎药、抗生素，但大量使用抗生素易导致体内菌群失衡，进一步造成霉菌性妇科疾病。专家介绍了 4 款可以预防妇科病的食疗方：

山药薏米粥　山药、薏苡仁各 30 克，共煮粥喝，适合脾虚型人（常表现为带下量多、色白或淡黄，且伴有精神倦怠、纳少便溏等症状）。

韭菜粥　米粥煮熟后加入切碎的韭菜微炖服用。平时注意多食肉、蛋、鱼、山药、白果等。适合肾虚型人（常表现为带下量多，色白稀薄，头晕耳鸣，腰膝疲软，小腹发凉，舌淡苔白等症状）。

薏苡仁粥　薏苡仁 30 克，碾细与粳米煮粥，熟后放入适量砂糖、桂花服用。适合湿热型人（常表现为带下色黄质稠，有异味，且伴有患部瘙痒、胸闷、口苦、舌红苔黄腻等症状）。

鱼腥草粥　粳米煮粥，加入切碎的鱼腥草、猪油、精盐服用。适合湿毒型人（常表现为带下黄绿或赤白相兼、五色杂下，状如米泔，臭味，小腹痛，口苦咽干，小便短赤，舌红黄腻等）。

心肺复苏别乱用药

在所有的急救技能中，你可能不止一次听过"心肺复苏"这4个字。如果发现猝死患者的第一目击者能立即拨打120，并科学地进行心肺复苏，会提高患者被成功救治的概率，但心肺复苏也仅适用于猝死患者。

猝死病因有心源性和非心源性两种。前者最常见，特别是心血管病患者更多见；非心源性猝死指溺水、车祸、触电、药物中毒、异物堵塞呼吸道等，这时可立即拨打120并进行现场心肺复苏。但是，若患者处于清醒、有心跳、有呼吸的状况时，做心外按压不仅多余，还会增加患者痛苦，甚至弄伤肋骨、肺部等。

可通过 3 个步骤判断患者是否猝死：1. 通过轻拍患者双肩，对其双耳大声呼唤"喂，你怎么了"，通过查看患者有无反应来判断其是否意识丧失。2. 将耳朵贴在患者的胸口，听有无心跳声；还可以用两个手指触摸患者喉结一侧旁开两指宽的位置，探探有无颈动脉搏动。3. 将面颊贴近患者的口鼻，感觉患者有无呼吸气流，并倾听有无呼吸声，再看患者的胸廓有无起伏，判断有无自主呼吸。若一无意识、二无心跳、三无呼吸，即可判断为猝死，需立即采取心肺复苏术。

还需提醒的是，正确的心肺复苏术，每个步骤都必须经过专家指导和多次练习。倘若施行方法错误，不但毫无效用，还很容易造成伤害，例如过猛烈的吹气可令患者呕吐，不当心外按压会使肝脏破裂，地面凹凸不平易伤及脊骨等。

肝脏呼救的五个信号

春季是养肝护肝的最佳时节，也是肝病的多发时节。"未病先防，有病防变"是此时的护肝重点。肝脏的"呼救"表现在身体的 5 个方面：

特容易喝醉　有些人本来酒量很大，但现在喝一点酒就感觉"醉了"，这可能说明肝脏受损，功能下降，不能完全分解酒精代谢物乙醛。

粉刺渐多　人体内黄体荷尔蒙起着促进分泌皮脂的作用，肝脏能破坏黄体荷尔蒙，调整荷尔蒙平衡。肝脏功能下降会使皮脂分泌增多，最终导致粉刺丛生。

伤口易感染　肝脏对人体代谢起着重要的作用，肝脏功能受损的话，皮肤再生就会受到阻碍。另外，肝脏的解毒功能下降容易引起伤口感染细菌。

鼻头发红　所谓"红鼻子"就是鼻头部分的毛细血管扩张形成的，虽然"红鼻子"并不一定是肝脏受损导致的，但女性在肝脏功能降低、荷尔蒙紊乱时容易出现"红鼻子"。

脸色发黑　肝脏对铁的代谢起着重要作用，肝细胞遭到破坏的话，肝细胞内的铁会进入血管，使血液内的铁成分增加，导致脸色发黑。这种症状最容易在男性和闭经后的女性身上出现。因此，当出现脸色发黑的征兆时，一定要警惕肝是否受损了，并要及时护肝。

七种胸痛易当心脏病

胸痛很容易使人联想到心脏病。专家指出,以下 7 种情况引发的胸痛虽非心脏病所致,但也要谨慎处理:

烧心　胃食管反流病的典型症状是胃酸反流回食道。由于胃酸酸性较强,pH 值大约为 2,导致胸骨后面易产生灼烧感,使人出现类似胸痛的症状。大多数人都会体验到偶尔的胃酸反流,并不需要特别注意,但如果每周发作超过 2 次,很可能是胃食管反流病的征兆。长期不予治疗,哮喘、胸闷等不适就会找上门,病人患上一种罕见食管癌的风险也会增加。

肌肉劳损　刚开始健身的人尤其要注意,如果很久都没有举过重物,胸部肌肉就容易拉伤。医生表示,普通人很难辨别心脏病发作和胸肌拉伤引起的胸痛差异,那就记住一点:如果按压胸膛疼痛感加强,那很可能是肌肉损伤,而非心脏问题。

肋软骨炎　研究表明,在因急性胸痛看急诊的病人中,13%~36% 的人最终被诊断为肋软骨炎,病毒感染和胸部损伤均有可能是病因。病人胸壁通常有压力感,类似于肌肉拉伤。如果确诊为肋软骨炎,痛感在几天或数周内即可消失，非处方止疼药就能缓解症状。

带状疱疹 专家说，带状疱疹最初的症状包括瘙痒和皮肤灼烧感，如果感染区域在胸部上方，极易被误认为是心脏病发作。但实际上，几天后皮疹和水泡就会相继出现。要提醒的是，水痘病毒在症状消失后仍可长期停留在体内，甚至会在成年人（通常是 50 岁以上的人）体内恢复活性。

心包炎 心包炎的常见病因是呼吸道感染，其他诱因包括红斑狼疮和类风湿性关节炎等。心包炎一般并无大碍，但可能会影响生活质量。医生会通过 CT 扫描、胸部 X 线等诊断病情，病人只需休息或服用布洛芬等非处方止痛药即可消除病情。

胰腺炎 腹腔的其他严重疾病也可能导致胸部剧痛，如急性胰腺炎。胰腺位于胃的后面，胰腺炎引发的强烈腹痛可以辐射到胸部，通常是深层次的剧痛。胰腺炎的元凶是胆结石造成的感染，且更容易在女性人群中发生，此时病人应该立即住院，并进行血检、CT 扫描及腹部超声等检查。

惊恐发作 惊恐发作的表现有时会跟心脏病发作很像，甚至有一种濒死感。除了胸痛外，惊恐发作的症状还包括心脏狂跳、大汗、发抖、恶心、眩晕等。它们有时会毫无预警地发生，生活中一些重大变故或压力过大等都有可能触发。

对于上述胸痛，专家建议，一旦出现就要尽快就医。

"手痒"应该怎么办

有些人在春季会发生一种奇怪的现象：手心会发红或者发痒，忍不住要挠，恨不得把手心挠穿。出现过这种现象的人都有体会，这种情况会连年犯，而且越犯越严重，这叫作"季节性手脱皮"。

这种脱皮大多发生在春夏及夏秋季节变化时，先是有灼热、刺痛感，继而出现红色小斑点，再变成针头大的白点，逐渐向四周扩大，不断剥脱薄纸样鳞屑，再加上人为的撕扯，手心皮肤角质层一层层剥脱，有的发展较快通常累及整个手掌，局部无炎症变化。平素出汗较多，当脱皮时出汗反而减少，有些人过两三个月恢复正常。

由于种种原因，许多人忽略了治疗，但每年到某个季节就容易复发，且有逐年加重趋势，脱皮面积不断增大，并向深层扩展，最终露出鲜嫩肉色，出现伤口，极易造成感染。手脱皮症状特点：双手对称性；无炎症、非真菌造成（真菌检查呈阴性）。季节性手脱皮用抗真菌药物无效。

对于手痒痒，一般采用对症治疗，可以将抗敏止痒类霜剂和护肤霜 1:1 混合涂抹手心，可以缓解痒痛的感觉，滋润养护手部皮肤，对季节性手脱皮有很好的修复作用。

皮肤瘙痒未必因为干燥

冬季，身上总是到处痒，其实痒法不同，原因也是千差万别的。

蚂蚁爬般酥痒感——神经末梢问题　缺乏维生素B、体内激素水平的波动、感觉神经障碍、肥胖、腰椎间盘突出等都可使人有种蚂蚁在身上爬来爬去的感觉。

建议：到神经内科就诊，让医生查出诱发原因并对症治疗；适当增加对欧米伽 3 脂肪酸的摄入，多吃深海鱼。

皮肤瘙痒 + 发红 + 起疹——过敏　对于过敏体质的人群，若接触到海鲜、蛋白质、辛辣食物、酒、花粉、尘螨、寒冷天气等过敏原，都有可能引起皮肤过敏，而过敏的症状一般表现为皮肤痒、发红、起疹，这可能是荨麻疹、湿疹，还有过敏性皮炎等。

建议：不要用热水烫或者抓挠瘙痒处，药物或药膏都要在医生的指导下使用；查明过敏原后，要避免接触。

全身皮肤瘙痒——60岁以上老年人　由于老年人皮肤功能和结构随着年龄的增长而退化，老年人的皮肤瘙痒多由干燥引起。

建议：洗澡的水温不要过热，不要用力搓洗；避免搔抓，以防感染；浴后在全身或常瘙痒的部位涂抹点含油脂较多的润肤液。

第五章

用品须知

铝铁炊具混用危害多

许多家庭存在着铁铝炊具混用现象。例如烧菜锅是铁制品或不锈钢制品，却用着一把铝制锅铲，或者烧菜锅是铝制的，配用着不锈钢或铁锅铲。

铝锅或铝铲是精铝或回收铝制成的，回收铝杂质多且不必说，就是精铝对人体健康也不利。虽然铝也是人体必需的微量元素，但每天从饮食中摄取就已绰绰有余。铝进入人体后大部分仍被排出，也有一些留在体内器官中，当累积到超过正常值 5~10 倍时，就能对健康造成危害。比如老年人出现骨质疏松，易骨折。同时铝和其他化合物还可以抑制胃蛋白酶活性，使胃酸减少、消化功能紊乱，如进入脑组织中还可引起大脑神经行为退化，智力减退，老年人还可出现老年性痴呆。

目前家庭中铝制餐具的大量使用，已经增大了人体内铝的积累速度，如果再将铁锅炊具混用，就会使体内铝的积累猛增。铝与酸碱都能产生化学反应，反应后的化合物极易被人体吸收。研究证明，铝铁炊具混用留在食物中的残留铝比铝制炊具单用要高出 5~10 倍。

铝锅除锈不利于健康

在日常生活中，使用铝锅或者铝制烘焙器具的家庭，人们往往喜欢擦掉铝锅或者烘焙器具上的棕色锈，以保持铝锅的晶亮、光洁。殊不知，这样做不利于人体健康。

铝是产生多种脑病的重要因素，也会引起人的早衰。铝锅内生成的棕色锈，恰好形成了一层薄膜，使铝质不会轻易地溶解到水中，也就减少了人体对铝的吸收，有助于身体健康，同时还能延缓衰老。

有些家庭为了让厨具看起来更好看，于是就用抹布擦拭铝锅，甚至用钢丝球进行擦拭，这样很容易将铝锅表面的铝擦掉，从而附着在餐具上，影响人们的健康。

空调、风扇老人不宜长吹

夏季酷热难耐，为了对抗高温，很多人家里的空调和风扇等降温电器都是 24 小时不间断开启。可对于免疫力较弱的老人来说，长时间吹空调容易导致呼吸道感染、风湿性关节炎和影响神经系统，出现"空调综合征"。

那如何使用才能最大限度地保障老人的健康呢?

一般来说，空调的温度调节在 26℃ 左右较适宜。由于老人的抗寒能力较差，空调温度应适当提高 1~2℃，以 27~28℃ 为宜，保证室内外温差为 7℃ 左右，并且每隔 2 个小时就要关掉空调，打开窗户通风，呼吸一下新鲜空气。晚上睡觉时，避免通宵开空调。由于老年人的肩部、颈部、膝盖等部位容易受风。因此，在空调房间内切忌穿过于暴露的衣物，并注意不要直接对着空调通风口吹。

另外，空调房内因空气干燥，容易造成鼻腔和黏膜过干，引发支气管炎。因此，老年人每天要多补充水分，以 40℃ 左右的温水为宜，而且不要在洗澡后立刻开空调，否则极易受寒引起感冒。最好等身体自然风干或擦干以后，休息约 30 分钟再开空调。

患有血压及血糖偏低的老年人，尤其是有慢性疾病的人，往往是高危人群。因此需要特别提醒，不要在大汗淋漓时立即进入温度很低的空调房间或直接让风扇使劲吹，这会造成暑湿感冒，出现发热、头疼、鼻塞恶心等症状。如果因吹空调引起身体不适，应尽快到正规的中医院进行治疗，或服用中药，如银翘解毒颗粒、藿香正气液等。

皱纹卫生纸不能用作餐巾纸

卫生纸是生活中的必需品，但你会挑选卫生纸吗？

中国造纸协会生活用纸委员会的专家介绍，生活用纸分为纸巾纸（手帕纸、面巾纸、餐巾纸等）、皱纹卫生纸（一般指厕纸）、纸尿裤、湿巾纸等几个类别。其中，纸巾纸和皱纹卫生纸最为常见，也最容易混用。按照国家规定，皱纹卫生纸要求细菌菌落总数 ≤ 600，纸巾纸则要求细菌菌落总数 ≤ 200。另外，纸巾纸要求使用"原浆纸"作为原料，卫生纸用的则是"纯木浆纸"。一些厂家故意将回收纸说成纯木浆纸，甚至使用荧光增白剂增白。因此，如果用低劣的卫生纸代替餐巾纸难免影响身体健康。

那么，又该如何辨别呢？专家建议，首先要查看包装是否有厂家地址、生产批号、联系方式等基本信息。皱纹卫生纸的外表包装一定要标有"厕所用纸"的字样。面巾纸、餐巾纸最好购买"原浆纸"。鉴别纸巾中是否含有荧光剂，可用验钞器对着纸巾照射，如果纸巾泛蓝紫色的光，通常都是过量添加荧光剂的缘故。另外，将一张生活用纸完全浸湿，用手触摸，如果有一定韧度那么就是纸巾纸。

地暖居室尽量避免铺实木地板

地暖能让出室内使用空间、供热均匀，得到越来越多建筑商的青睐。但很多家庭在装修时，会出现在地暖上方铺设实木地板的情况。实木材质受热容易干燥、开裂，因此有业主困惑：铺了地暖以后可以铺实木地板吗？

业内人士表示，正常情况下地热房可以铺实木地板，但并不建议这么使用，最好铺贴强化地板和实木复合地板。

因为实木地板优美的色泽和舒适的脚感，许多家庭都将其作为卧室地面铺装材料的首选。实木地板是将天然木材裁板，经过专门的脱水、脱脂工艺处理后，制成标准尺寸的板材。但在采暖期，地板需要承受一定的热量，当空气中的水分被吸收到木材中，木材就会膨胀，空气比较干燥时，木材的水分又跑到空气中，使木材干缩。如果用普通的实木地板就容易开裂缩缝。

此外，实木地板在很多方面都达不到地热的要求，实木地板需要打龙骨，产生较厚的空气层，木质本身就是热的不良导体，而且木质的纤维结构具有吸湿的特性，在温度、湿度的变化下，吸水失水易变形。这样会影响地板使用寿命，因此不适合作为地热的使用，所以，建议业主们使用强化地板和实木复合地板。

暖气漏水爆管不可盲目封堵

一般情况下，非人为因素造成的暖气漏水主要有5个原因：一是居民家中的暖气片使用时间过长，暖气片遭腐蚀；二是接缝处密封不严，存在管线质量问题；三是热胀冷缩，热水注入时，质量不过关的暖气片在压力作用下爆裂漏水；四是每年停止供暖后，暖气片中的水会被抽干，一些被泥沙封住的裂缝露出来，重新注水时出现渗漏；五是试水之初由于居民打开放风阀忘了关上。

如果家里的暖气片爆裂，应立即用厚毛巾等将裂开部位堵上。暖气片因自身材质或使用时间较长而发生腐蚀漏水，用户可将毛巾缠在管上，并留出一段放进水盆，把水引到盆里，且立即关闭阀门并联系维修人员。另外，切不可盲目封堵漏水处，因为暖气管道内热水温度可达70~80℃。同时，暖气热水是在强大的系统压力下循环，盲目封堵并没有实际效果。关于关闭阀门，如果是采用分户供暖，在管道间内，每户都有一个进水阀和回水阀。如果是集体供暖，比如一栋8层的居民楼，一般情况下，一个单元的用户都是一个管道在供暖，进水阀一般在顶楼802房间，回水阀一般在一楼102房间，必须到顶楼和一楼的用户家中关闭进水阀和回水阀。

微波炉烹饪蔬菜更健康

或许你曾听过这样的说法——微波炉会损害食物中的营养，不过来自哈佛医学院的一项最新研究表明，微波炉能最大限度地保存食物中的维生素和矿物质，是相对最健康的烹饪方式。

美国关于甘蓝菜的一项调查发现，多数美国人烹饪西兰花用时10分钟甚至更长，而这会使西兰花中含有的一种防癌解毒物质——萝卜硫素损失殆尽。为了最大限度保留萝卜硫素的活性，烹饪西兰花的时间应控制在3~5分钟。其实不止西兰花，其他蔬菜也一样，烹饪时间越短，保存的营养素越完整。如何用3分钟时间做好西兰花，答案你也许猜到了，没错，就是用微波炉。

与烤箱通过加热周边温度来制熟食物不同，微波炉通常是加热食物分子本身。微波炉产生的电磁微波会被食物中的水分子吸收，能在极短时间内产生热量制熟食物，以最大限度保存食物营养。此外，食物中的营养易被高温破坏，且会随着大量水分溶出流失，而微波炉烹饪食物的温度相对较低，且不需要添加大量水分。举例来说，土豆含有丰富的维生素C，维生素C深受温度影响，如果煮的话，维生素C就会溶入水里，如果用200℃的烤箱烤个半小时，维生素C也会损失严重，但是如果把它放进微波炉，通常只要转几分钟就能熟透，且不用放水。

冰箱停用容易老化

冰箱内胆的塑料在常温下（断电后）比在低温时容易老化，连续使用可以减缓老化现象。此外，停机不用冰箱，会导致冰箱内氟利昂直接腐蚀冰箱管道，出现内漏，那时可就要动"大手术"了。从卫生角度看，冬天虽然室温比较低，但不够稳定，保鲜效果还是不如冰箱。冬天冰箱耗电量仅是夏天的 1/3，为省这点电而致使冰箱发生大故障的话，将得不偿失。

冰箱不是保险箱

别把冰箱当成食品的"保险箱"。专家表示，食物在冰箱中保存时间久了，各类细菌就会在湿冷的环境中滋生，贪吃冷食的人从冰箱取出食物后立即食用，细菌就会入侵胃肠而引发冰箱性肠胃炎。

食用冷饮或冷食，使胃黏膜毛细血管迅速痉挛收缩，胃黏膜缺血，胃酸和胃蛋白酶的分泌减少，从而使胃部杀菌的免疫能力降低。冰箱性肠胃炎的症状往往是上腹部阵发性绞痛，严重者会出现呕吐、恶心等症状。

想要预防冰箱性胃炎，首先要注意冰箱中冷藏菜肴的时间最好不要超过 24 小时，取出食用时一定要加热透。专家说："夏天人们大都喜食凉拌菜，有的人喜欢将拌好的凉菜放入冰箱冷藏一阵再吃，这种食用方式是不科学的。"

专家提醒，儿童、老人及胃病患者，最好少吃或不吃过冷的食物和饮料。分享一个制作凉菜的窍门：先将菜品焯水，然后自然放凉后拌入调料。因为将拌好的凉菜裸露放在冰箱中，很容易滋生细菌。凉菜冷藏后虽然爽口，但却会刺激胃肠道，不利于健康。

不用放冰箱的食物

冷冻、保鲜是冰箱的最大用途，但有些食物冷藏后反而会加速腐败变质，甚至影响冰箱内的其他食物。

新鲜面包　放入冰箱冷藏后很容易变"老"，等再拿出来会发现它又干又硬，还容易掉渣。建议每次少量购买，吃不完的放在阴凉处。

洋葱　洋葱味道冲，会影响其他食物的味道。建议将其放在阴暗、干燥、通风的地方，避免发芽。

大蒜　在干燥低温的地方大蒜能放两周，若置于冰箱中，水分和味道都会流失，还会让冰箱里的味道变得难闻。

较生的牛油果　低温环境会使牛油果"终止"成熟，

230

因此买到较生的牛油果，不要放冰箱。如果不想让它熟得太快，最好放在棕色纸袋中。

西红柿　经冷藏后，西红柿质地和口感会变差，最好在室温下存放。

咖啡　咖啡容易吸收冰箱中其他食物的异味，建议把它放在密闭的容器中。

香蕉　香蕉对低温很敏感，在 11~13℃以下就会发生冷害，使得果实不能正常后熟，果皮变为黑灰色，食用价值变差。此外，香蕉特别娇气，温度高了也不行。当温度超过 35℃时，会引起香蕉高温损伤，使果皮变黑、果肉糖化，商品价值和食用价值也会降低。

蜂蜜　蜂蜜中都是糖，渗透压很高，微生物几乎无法生存，放在室温环境中也可以保存很久。如果把蜂蜜放到冰箱里，反而可能因受潮促使它结晶析出葡萄糖。这个变化并不影响蜂蜜的安全性，也不影响它的营养价值，只是会影响到口感。

干制食品　茶叶、奶粉之类的干制品几乎没有水分，细菌也无法生存，不用放冰箱就可以保存很久。如果放入冰箱密封不严，反而会使冰箱中的味道和潮气进入食品当中，既影响风味，又容易生霉。干制品储存时放在通风干燥的地方就可以。

巧克力　巧克力放入冰箱时间长了之后容易发生脂肪结晶的晶型变化，虽然不会变质，口感却会逐渐变得粗糙，表面长白霜，不再细腻均匀。实际上，巧克力适合放在20℃左右的室温下。

罐头、常温奶等　这些都是经过高温灭菌的产品，本身没有细菌，室温下也可以放很久，只要没有拆封，就不需要放入冰箱。

最好放冰箱的食物

蔬菜　蔬菜，特别是绿叶蔬菜在室温下存放时，会继续进行呼吸作用，导致营养成分逐渐损失，亚硝酸盐也会快速增加。买回家后，最好用食品级保鲜膜或塑料袋包好，分包放在冷藏室内。

酸奶及鲜奶　酸奶在室温下存放时，其中的乳酸菌会继续发酵，会产生过多的酸，一方面口感会变差，另一方面酸度过高也会杀死其中的乳酸菌活菌，冷藏保存则能够延缓乳酸菌的发酵。鲜奶（巴氏奶）在室温下存放，细菌会迅速生长，很容易超标甚至腐败。

生鱼、生肉 生鱼、生肉容易滋生细菌，买回家后最好放入冰箱冷藏，如果当天吃不完，应该冷冻保存。

剩饭、剩菜及肉制品 有的家庭冰箱里放得最多的就是各种剩饭、剩菜。吃不完的剩饭、剩菜最好用保鲜袋、保鲜盒分装密封放入冰箱冷藏，因为剩的蔬菜中容易产生亚硝酸盐；而剩的熟肉制品当中可能滋生细菌，甚至是多种危险的致病菌。

保鲜膜冷藏西瓜细菌反而多

把裹有保鲜膜的西瓜放入冰箱中冷藏，和直接把西瓜放入冰箱中冷藏，哪种方式的细菌更多？针对此问题，研究人员曾专门做过调查，在调查中，有74%的人选择"未裹保鲜膜的西瓜细菌会更多"。可事实上，大量试验却表明，二者相比，裹有保鲜膜的冷藏西瓜的细菌反而更多。

对此，专家解释称，使用保鲜膜覆盖在切开的西瓜表面，使西瓜内部形成了一个相对密闭的空间，保存了西瓜内部的水分，同时使得西瓜内部的温度不会很快降至4℃，这就给细菌的繁殖提供了便利条件。

但实验同时发现，不裹保鲜膜的西瓜水分流失更快，裹有保鲜膜的西瓜更为新鲜。"家用冰箱冷藏的食物较为复杂，裹上保鲜膜更多是为了防止西瓜串味儿。"专家说。

如何选择好墙砖

卫生间湿气很大，在墙砖的选择和使用上要特别讲究。那么，卫生间墙砖究竟怎么选？

看密度　选购墙砖时，可以从侧面观察平整度，看看墙砖的表面是否出现了粗细不一致的针孔。在检测墙砖的密度时，可以轻轻地敲击墙砖，听听敲击所发出的声音是否清脆。如果声音较为清脆则说明墙砖的密度较高，而且硬度也较佳。选择这样的卫生间墙砖既不容易损坏，也有利于维护清洁。

看吸水率　卫生间是属于较为潮湿的地方，所以一定要注意墙砖的吸水率。一般来说，品质较高的墙砖，吸水率就较低，这样的墙砖在浸水之后可以很快干燥。在检测墙砖吸水率时，可以在墙砖的背面滴上一滴水，静置几分钟之后，观察水滴的扩散程度，如果水滴的扩散程度较大的话，则说明墙砖的吸水率较高，品质较差。

看施釉程度　选购时，可以通过判断墙砖表面釉层厚薄来鉴别。可以用硬物刮擦砖表面，若出现刮痕，则表示施釉不足。等到墙砖表面上较薄的釉层磨光后，砖面就会容易藏污，较难清理，也缺乏安全性。一些没上釉的砖，一般不宜铺在潮湿而密闭的环境，因为墙砖上的气孔吸入水汽而无法发散，也会导致细菌出现。

看颜色　墙砖的颜色，应根据卫生间的整体风格来进行选择。对于很多小户型的家庭来说，卫生间墙砖的颜色最好选择浅色系的。这是因为浅色可以折射出视线效果，让卫生间看起来更加宽敞明亮。

户外运动水壶如何选择

目前市场上的水壶按材料主要分玻璃、塑料、铝和不锈钢水壶，玻璃水杯由于易碎、笨重，不易携带，而塑料水壶又可分为 PP、PC 材质，常见水壶、太空杯、奶瓶多采用 PC 材质，在加热、阳光下直晒时很容易释放出有毒的双酚 A（BPA），且 BPA 对婴儿危险性尤其大，欧美多个国家已将 BPA 列入禁用化学品清单。只有 PP

材质（有 BPA Free 标志）的水壶才能安全使用。

铝制水壶由高纯铝冲压而成，在内壁涂有环氧树脂。现代医学研究表明，铝在人体内积累过多，可引起智力下降、记忆力衰退和老年痴呆。因此，人们特别是青少年应尽量减少使用铝制餐具和炊具。

不锈钢水壶采用优质 18/8 医疗级不锈钢（即 304 不锈钢），瓶体厚度 0.4~ 0.5 毫米，瓶体内壁无任何涂层，不含有害化学物质和毒素，是传统塑料和铝制饮水容器的优选替代产品。不锈钢水壶与铝制水壶重量相差不多，区别两者的方法一是不锈钢水壶内有一条冲压线，二是铝制壶因为有内涂层，有较强的刺激性味道，且不易洗掉。

因此建议尽量选择不锈钢运动水壶，有单层冷水壶和真空保温两种。

电饭煲煮鸡蛋节水省时好剥壳

每天早餐一个鸡蛋，营养又美味，不过，很多人都有这样的烦恼：煮鸡蛋费水，就算只煮一两个也得放半锅水，且容易煮破壳。有没有更好的煮鸡蛋办法呢？其实，不妨试试用电饭煲煮鸡蛋吧，几乎不用水，且做得特别快，大约 5 分钟即可做好。

首先，我们需要准备一张餐巾纸，将其铺在电饭煲锅底，最好铺两层。

然后，倒一点水进去，把纸浸湿即可，不需要加太多水。

接着，将鸡蛋洗净码进铺好餐巾纸的锅里，盖盖、插电、按煮饭键，等电饭煲跳到保温就大功告成了。打开一看，纸上的水已经干了，鸡蛋也熟了。

用这种方法煮鸡蛋从头到尾只要五六分钟，完全不会煮爆，而且非常好剥壳，将垫纸拿出来放好，还可以重复利用。

老人沐浴有讲究

老人使用的淋浴间不宜采用整体式淋浴房等独立、封闭的形式。特别是卫生间较小时，建议通过浴帘隔断划分，使空间更加灵活开敞，便于摆放淋浴坐凳和家人协助。一般不建议老人使用浴缸淋浴，因为浴缸底面较滑，老人进出和站立时很容易滑倒。如果已经设置为浴缸，可在旁边加装连续扶手和设置坐凳，并配有防滑垫，避免发生意外。

其次，老年朋友们淋浴时可能会脚底打滑，需要就近抓握扶手保持平衡，因此淋浴间尺寸不可过大，长度宜在 1.2~1.5 米，宽度宜在 0.9~1.2 米，如此也能容纳护理者协助洗浴。一般家装中，为了简洁有时仅设置一个单点式花洒墙座，难以根据需要调节高度，因此，建议选用可以抓握的竖向滑竿，便于调节淋浴头的高度。侧墙还应安装扶手，同时布置淋浴座椅，便于撑扶起身。还可以在卫生间里装个排风装置，尽快把水汽排走。

此外，有条件时，卫生间可设置两扇门，一扇开向卧室，一扇开向户内公共空间，兼顾白天和起夜时的如厕需求，以免晚间穿过较多空间而着凉。

老人选沙发有讲究

岁数大了，人的生理功能会逐渐衰退，运动机能降低，感觉机能下降，颈腰椎病更为频发。所以，老人选沙发要更"挑剔"。

不能太低　市场上低沙发越来越多，它们虽然时髦，却并不适合老年人。座面过低，老人大腿的受力面减小，会感到酸痛。坐在低沙发上时，重心偏低，老人在站起时会感到特别费劲，更容易因重心不稳而跌倒。座面高度在 42 厘米左右，约等于小腿高度最佳。

不能太宽　座面太宽，老人腰部就会远离沙发后背，缺少支撑，导致腰背疼痛。沙发座前宽约 48 厘米，座面深度在 48~60 厘米是最佳尺寸。

不能太软　沙发过于柔软，老人重心的支撑就不稳定，人就会有意无意地挪动身躯，寻求身体新的平衡与稳定，因而长时间坐软沙发会让人感到腰酸背痛，疲倦乏力。同时，坐在软沙发上，难以保持脊柱正常的生理弧度，时间长了，会使背部肌肉紧张，诱发或加重腰痛。

角度要大　背倾角、坐倾角过小，会使腹部受到挤压，影响消化系统。同时，脊柱形态由正常 S 形严重变形为内凹形，从而造成椎间盘压力分布不均匀，对老人腰椎不利。因此，老人选沙发，应选背倾角、坐倾角偏大的，在 125~135 度为佳。此时，老人靠在沙发上有半躺的感觉。

需要提醒的是，坐姿不当或长时间久坐都会使肌肉组织受到异于平时的压力，可能会造成骨胶原过量生长，引起肌肉疼痛。因此，无论是哪种沙发，老年人都不宜坐超过1小时，更不能把沙发当床。

老人切莫通宵使用电热毯

我国南方地区不同于北方，北方地区有暖气设备，南方天气寒冷时，人们通常会使用电烤炉、电热毯等取暖工具，其中，电热毯的主要使用群体是老年人。要提醒大家的是，要注意科学使用电热毯，以防范安全问题，且不可以久用。

很多人都知道家用电器或多或少都有辐射。不同于热水袋、电热饼之类的取暖设施，电热毯同样有辐射的危害，且电热毯的电磁辐射对人体的健康影响更大，如果长时间使用电热毯，容易导致人体出现多核白细胞及白细胞、网状白细胞增多而淋巴细胞减少的现象，从而严重影响血液的健康。在血液生化指标方面还易出现胆固醇偏高等情况。对于老年人来说，电热毯还有以下几个潜在性的隐患：

冬季老年人的皮肤本身就比较干燥，如果长时间使用电热毯，会使皮肤失水过多而加重干燥，加上高热容易给皮肤带来刺激，会使人的皮肤过敏、瘙痒，或出现大小不等的丘疹，抓破后就会出血。长期用电热毯的老人大多都有这种症状，经常从背部开始瘙痒，而且嗓子干燥，难以入睡。

电热毯是引起鼻出血的主要原因。老年人喜欢整夜使用电热毯，这很容易导致鼻部干燥，鼻腔黏膜脆性增强，引发鼻出血。一些有全身疾病如糖尿病、高血压、脑中风的患者，往往都在使用一些活血化瘀、扩张血管的药物，一旦鼻腔出血，止血不住的话甚至会有生命危险。

老人要学会科学使用电热毯：一是通电时间不宜过长，一般是睡前通电加热，上床入睡时要关掉电源，千万不能通宵使用；二是有过敏反应的人不要用电热毯；三是经常使用电热毯者，要多喝水；四是电热毯不要与人体直接接触，应在上面铺一层毛毯或被单。

如何保养助听器

助听器是一种有助于听力残障者改善听觉障碍，进而提高与他人会话交际能力的工具。受潮或者耳垢的堆积，均可影响助听器的使用效果。对助听器的精心保养与维护可以有效地提高它的使用寿命。

助听器的保养，防潮是关键 使用者切记助听器不能进水，洗脸、洗澡、游泳及下雨时务必将助听器取下。每晚临睡前将助听器取下，放入盛有干燥剂的容器中（如果每天使用，此时可打开电池仓，而无需将电池取出）。当干燥剂的颜色发生变化时需做相应处理，必要时更新。助听器不要直接接触干燥剂，以防被受潮的干燥剂腐蚀。

适当清洁可以提高助听器的使用寿命及效果 因助听器需要经常佩戴，人体产生的排泄物（如耳垢、耳的分泌物等）会不同程度地影响助听器的使用寿命，所以要求每一个佩戴助听器的用户必须经常清洁助听器。每天使用完后，用干燥的软布将助听器表面的耳垢和汗液清洁干净。

不用助听器时，应将电池取出 当电池电量低于一定程度时，助听器将停止工作，会发出"嘀"的提示音，或音质变得粗糙不稳定，此时应立刻更换电池，更换时注意电池极性。如长期不用则应将电池取出且放好，以防电池漏液腐蚀助听器。购买助听器电池时，需注意电池型号，且不宜一次购买过多，并需保存在阴凉干燥处。

洗衣机会"发火"

洗衣机可谓家庭必备电器之一，很多人认为洗衣机里面都是水，从来不担心着火的问题。但业内专家介绍，洗衣机着火的情况也时有发生。

首先是所洗衣服上沾有极易挥发的汽油、酒精、香蕉水之类的斑渍，这些易燃品在高速旋转的水缸中与空气充分混合，形成一定浓度的混合气体，洗衣机运转时会摩擦产生静电火花，便能导致起火；其次是超负荷使用洗衣机；最后是蒸汽、冷凝水或者起泡外溢的碱水，导致电气系统绝缘性能降低。

专家提醒，洗衣机应放在平坦、比较干燥、通风散热的地方。洗衣机应配备专线插座,洗一段时间后要"休息"一会儿再用，不用时切断电源。

选好窗帘保护隐私

花色款式需与沙发相搭配 一般来说，现代风格的装修中，客厅窗帘的花色和款式应与客厅中的布艺沙发搭配，采用麻制或涤棉布料。色彩上采用浅色调，如米黄、米白、浅灰等；欧式风格中，窗帘的色调多为咖啡色、金黄、深咖啡色等；而中式风格以偏红、棕色为主。

不同功能选用不同材质　除了美观以外，功能也十分重要。休闲室较适合选用木制或竹制窗帘，阳台要选用耐晒、不易褪色材质的窗帘；书房可以选择透光性好的布料，这样有助于放松身心和思考问题。夏天窗帘的选择很重要，在向阳的房间，如书房、儿童房、浴室等，可选择一些隔热、隔光性能较好的百叶帘、卷帘，不仅轻巧好看，而且能将酷热挡在窗外。

混纺材料耐缩水又抗皱　很多消费者都忽略布料的缩水问题。购买时，要把缩水率问清楚。窗帘面料中，棉花、亚麻、丝绸、羊毛质地非常受消费者欢迎，不过这些质地的织物有一定的缩水率；人造纤维、合成纤维质地的窗帘，耐缩水、耐褪色、抗皱等方面优于棉麻织物。

深色搭配可缓解失眠　除了装饰作用外，更主要的是保护隐私，调节光线。卧室窗帘可以选择深色布料，遮光性好，而且能起到促进睡眠的作用，尤其是黑红搭配的窗帘对于失眠者是不错的选择。

三招拯救受潮地板

第一招：干抹布擦干水分　如果地板上被洒了少量的水，且停留的时间不长，只需要用干抹布将地板上的水擦干即可。因为水量少，且时间短，水分不会渗透进地板内部，对地板的影响不大。

第二招：吸干水分开空调　如果木地板遭到了不算严重的水浸，用干抹布快速将地板表面的水分吸干，再用吸尘器从地板拼接处的缝隙将水分吸走。若水浸面积不大，可用电吹风开到冷风档将缝隙吹干；若水浸面积较大的话，地板表面的水吸干之后，将门窗关紧，把空调调到最低温度，一般一天之内就能把地板吹干。

第三招：漂白水对付霉斑　地板受潮之后没有及时处理的话很容易长出霉斑，时间拖久了还会大面积发霉。若发现地板上有少量霉斑，可以用温性漂白水和水以 1:3 的比例混合，沾湿抹布擦拭地板，直到去掉霉斑。漂白水的浓度不宜过高，否则会破坏地板表面的地板蜡。

三色床单最好别用

红色（橙色）床单　易失眠及神经衰弱。红色，由于彩度太高，会刺激视觉神经，提高肾上腺激素增长，是最不适合卧室使用的颜色。红色用在卧室环境里，会让人产生紧张及兴奋的情绪，不利于睡眠。橙色跟红色有接近之处，一样会对视觉和生理产生冲击。

亮紫色床单　易做噩梦。紫色比较暗淡，神圣，庄重，被认为有很强的催眠作用。但如果是亮紫色床单，则会刺激神经，反而让人不易入眠。亮紫色会促使脑内艺术区域活跃，容易使人在睡梦中看到鲜明的梦境或做噩梦，让大脑无法放松休息。另外，亮紫色对运动神经和心脏系统有压抑作用，心脏病患者要慎用。

金黄色床单　情绪易烦躁不安。浅黄是适合睡眠的颜色，但金黄色则对视觉刺激太过强烈，易造成情绪不稳定，所以患有抑郁症和情绪易烦躁的人也要慎用。

第六章

居家休闲

茶宠养护需掌握这三点

茶宠讲究的是三分选、七分养。一只漂亮的茶宠，是品茶人花时间慢慢"养"成的。喝茶时或用茶汤轻轻浇淋，或用茶扫蘸茶汤涂抹，年长日久，茶宠就会滋养出茶色，变得温润可人。茶宠的养护需要掌握这3点：

不能泡　养茶宠不能老用剩茶泡，最好是一边喝茶一边用笔轻轻抚刷，以泡养宠虽然快，但效果不好，明眼人很容易分辨出来。

发酵茶效果最好　用乌龙、普洱这样的发酵茶养茶宠最容易出效果，一般一两个月就能出现变化，半年左右就能看到温润的效果。

不换茶　有条件的话最好用一种类型的茶来养茶宠，这样就不会让茶宠因为接触不同质地的茶而颜色不纯。

冬季养花学问多

寒冬来临，又到了一年一度养水仙的季节啦！为了增添生活的趣味，很多人习惯性地在家里和办公室摆上一盆水仙。水仙素有"凌波仙子"的美誉，又因为其水培植物耐寒好养的特点备受人们青睐，而经过漫长冬季，水仙开出香气清幽的花朵，也能让人心旷神怡，神清气爽。但是，养水仙也有诸多讲究。首先，水仙的花和汁液有毒，接触会引起皮肤红肿过敏，若是不小心接触到，需立刻用大量清水冲洗并及时就医；其次，水仙的鳞茎内含有拉丁可霉素，误食会导致恶心呕吐、腹痛腹泻等症状，严重者甚至有生命危险。再者，水仙的花粉会引起过敏，对孕妇也极其有害，所以不适宜放在室内养，若是必须置于室内，需选择通风良好、不易接触的地方。

除了水仙，不适合放在室内的植物还有兰花、风信子、百合花、松柏、郁金香等。兰花、百合花的香气易引起失眠；松柏的气味对人的肠胃有刺激作用；郁金香的花朵含有毒碱，长期接触可致脱发。诸如文竹、富贵竹、仙人掌、常春藤、绿萝等植物，不仅美观大方，还可以净化室内空气，比较适合放在卧室和客厅。

浇花用什么样的水好

水可按照含盐类的状况分为硬水和软水。硬水含盐类较多，用它来浇花，常使花卉叶面产生褐斑，影响观赏效果，所以浇花用水以软水为宜。在软水中又以雨水（或雪水）最为理想，因为雨水是一种接近中性的水，不含矿物质，又有较多的空气，用来浇花十分适宜。如能在雨天接贮雨水用于浇花，有利于促进花卉的同化作用，延长栽培年限，提高观赏价值，特别是喜好酸性土壤的花卉，更喜欢雨水。因此雨季应多贮存些雨水留用。在我国东北各地，可用雪水浇花，效果也很好，但要注意需将冰雪融化后搁置到水温接近室温时方可使用。若没有雨水或雪水，可用河水或池塘水。如用自来水，须先将其放在桶（缸）内贮存1~2 天，使水中氯气挥发掉再用，较为稳妥。浇花不能使用含有肥皂或洗衣粉的洗衣水，也不能用含有油污的洗碗水。对于喜好微碱性的仙人掌类花卉等，不宜使用微酸性的剩茶水等。此外，浇花时还应注意水的温度。不论是夏季还是冬季浇花，水温与气温相差太大（超过 5℃）易伤害花卉根系。因而浇花用水，最好能先放在桶内（缸）晾晒 1~2 天后，待水温接近气温时再用。

家庭养花花土消毒五方法

土壤是病虫害传播的主要媒介，也是病虫害繁殖的主要场所。许多病菌、虫卵和害虫都在土壤中生存或越冬，其中还常存有杂草种子。因此，不论是苗床用土、盆花用土，还是露天围地，种植前都应彻底消毒，家庭养花也不例外。家庭养花土壤消毒的常用方法有以下几种：

日光消毒　将配制好的培养土放在清洁的混凝土地面上、木板上或铁皮上，薄薄平摊，暴晒 3~15 天，即可杀死大量病菌孢子、菌丝和虫卵、害虫、线虫。用此法消毒虽然不尽彻底，但最为方便。

蒸汽消毒　把营养土放入蒸笼或高压锅内蒸，加热到 60~100℃，持续 30~60 分钟（加热时间不宜太长，以免杀死能分解肥料的有益微生物，影响土壤肥效），可杀灭大部分细菌、线虫和昆虫，并使大部分杂草种子丧失活力。

水煮消毒　把培养土倒入锅内，加水煮开 30~60 分钟，然后滤干水分，晾干到适中湿度即可。

火烧消毒　保护地苗床或扦插、播种用的少量土壤，可放入铁锅或铁板上加火烧灼，待土粒变干后再烧

0.5~1小时，可将土中的病虫彻底消灭干净。

药剂处理　家庭中可以使用不同的药剂，对土壤进行熏蒸处理，即把土壤过筛后，一层土壤喷洒化学药剂，再加一层土壤，然后再喷洒一次药剂，最后用塑料薄膜覆盖，密封5~7天，然后敞开换气3~5天即可使用。常用的药剂有甲醛、代森锌、多菌灵、硫黄粉等。

居室环境不同　摆放花草有别

有绿色的地方总是生机盎然，不少人喜欢在家里摆放绿色植物，希望增添一些大自然的气息。不过，居室摆放绿色植物也是颇有讲究的，既不能多多益善，也不能单凭个人喜好。绿色植物应与居室环境和谐统一，要讲究艺术、美感和科学。

客厅　要着眼于装饰美，数量不宜多，注意中、小搭配。大客厅的沙发旁或闲置空间可放置大、中型棕竹、苏铁、橡皮树或凤尾竹等观叶植物。小客厅可选小型植物或蔓类植物，如常青藤、鸭跖草等。客厅一般以盆景为主，茶几上可放小型鲜艳的盆花、梅花或植物盆景，最佳的效果是以大小、花叶的对比，衬托出客厅空间的活泼和生机。

餐厅　应选择使人心情愉快、可增进食欲的绿化植物，如秋海棠和圣诞花之类，以增添欢快气氛，配膳台上摆设中型盆栽有间隔之作用。亮绿的盆栽植物均可摆放在餐厅周边，餐厅中央可按季节摆放春兰、秋菊、夏洋（洋紫苏）、冬红（一品红）。

厨房　吊挂鸭跖草较佳，吊兰次之。窗台处可摆放蝴蝶花、龙舌花等小型花卉。

卧室　应以中、小盆栽或吊盆植物为主。摆放一盆茉莉、桂花、月季、含笑等淡色花香植物，或摆放文竹、斑马花等叶片细小的植物为宜。过于浓艳的花卉使人难以入眠，不宜摆放。

书房　要以静为主，在绿化美化布置上要做到有利于学习、研究和创作。大的书房可设置博古架，书籍、小摆设和盆栽君子兰、山水盆景放置其上，营造出既艺术又文雅的读书环境。

卫生间　应选择对光照要求不太严的猪笼草、冷水花、小羊齿类等植物。

阳台　日光照射充足，适合用色彩鲜艳的花卉和常绿植物。还可以悬挂几盆吊兰，栏杆放些开花植物（如茶花、金橘等），靠墙为观叶盆栽，可互相衬托。

高温天后如何养殖绿植

高温天即将过去，园艺专家提醒要做好这几件事，植物才会养得更好：

清理盆面的枯叶和杂物　这一点非常重要。经常看到花友的花盆里枯叶很多，加上潮湿已经黑腐，还有鸡蛋壳等，这都会随着气温降低，导致各类病菌开始活跃，极大地影响植物生长。

将死去的植物去除后将土和盆消毒　如果高温天植物挂了，就将植物慢慢带根拔起轻轻抖掉根系的介质，然后将植物扔掉。把剩余的介质放在阳光下暴晒，如果量小的话，可以用布包起来放在微波炉里高温加热达到消毒的目的，也可以去药店买点高锰酸钾片，稀释后把土浇透，晒干然后备用。

准备增加新的植物　天气转凉之后对于花友来讲秋天种的植物或秋播种子都比春天种的或春播的种子长势更好，抗性更强。听听别人的经验，找到最合适的植物，也是一件重要的事情。

盆花秋季应这样管理

秋季气候由凉逐渐转冷，此时管理盆花应注意抓好以下工作：

肥水管理　入秋后，水肥管理需根据不同花卉的习性区别对待。对那些观叶类花卉，如文竹、吊兰、苏铁等一般每隔 15~20 天施一次稀薄液肥，以保持叶片青翠，并能提高御寒能力；对一年开花一次的菊花、山茶、腊梅、杜鹃等花卉，以及一些观果类花卉，如金橘、佛手和果石榴等，为促使其开花茂盛、果实丰满，也应再施 1~2 次以磷肥为主的稀薄液肥，否则，养分不足，不仅开花少而小，还会出现落蕾现象；对一年开花多次的月季、米兰、茉莉、四季海棠等，更应继续供给肥水使其不断开花；但对于大多数花卉来说，北方地区过了寒露之后就不再施肥了，以利于越冬。随着气温的降低，除对秋播的草花以及秋冬或早春开花的草花，可根据每种花卉的实际需要继续正常浇水外，对于其他花卉应逐渐减少浇水次数和浇水量，避免水肥过量引起徒长，影响花芽分化和遭受冻害。

修剪整形　入秋以后气温在 20℃左右时，大多数花卉易萌发较多嫩枝，除根据需要保留部分外，其余的均应及时剪除，以减少养分消耗。对于保留的嫩枝也应及时摘心。菊花、大丽花、月季和山茶等，秋季现蕾后待花蕾长到一定大小时，除保留顶端一个长势良好的主蕾外，其余侧蕾均应摘除。

秋季扦插　秋季结合修剪，扦插花木成活率也很高，如扦插月季等。

及时采种　许多花卉的种子，中秋前后陆续成熟，需要及时采收。一串红、牵牛等种子收获后去杂晒干，装入布袋内放在低温通风处储藏。对于一些种皮较厚的种子，如牡丹、芍药、含笑和玉兰等，采收后应将种子用湿沙土埋好，进行层积沙藏。

适期播种　二年生或多年生当作一二年生栽培的草花，如金盏菊、石竹和雏菊等露地花卉和瓜叶菊、仙客来、大岩桐等温室花卉以及采收后易丧失发芽力的非洲菊、飞燕草、樱草类和秋海棠类等花卉都宜秋播。

适时入室　北方地区寒露后，大部分花卉都要根据抗寒力陆续搬入室内越冬，以免受寒害。通常情况下，君子兰、扶桑、倒挂金钟和仙人球等，待气温降到5℃左右时入室较好。盆栽葡萄、月季和无花果等，需要

在 −5℃冷冻一段时间，促使其休眠后，再搬入冷室（0℃左右）保存。刚入室的花卉，都要注意通风。

适合在家养的花卉有哪些

蔷薇、石竹、铃兰、紫罗兰、玫瑰、桂花等植物散发的香味对结核杆菌、肺炎球菌、葡萄球菌的生长繁殖具有明显的抑制作用。

仙人掌等原产于热带干旱地区的多肉植物，其肉质茎上的气孔白天关闭，夜间打开，在吸收二氧化碳的同时制造氧气，使室内空气中的负离子浓度增加。

虎皮兰、龙舌兰以及褐毛掌、伽蓝菜、景天、落地生根、栽培凤梨等植物也能在夜间净化空气。

在家居周围栽种爬山虎、葡萄、牵牛花、紫藤、蔷薇等攀援植物，让它们顺墙或顺架攀附，形成一个绿色的凉棚，能够有效地减少阳光辐射，大大降低室内温度。

丁香、茉莉、玫瑰、紫罗兰、薄荷等植物可使人放松、精神愉快，有利于睡眠，还能提高工作效率。

花，主要应起到美化环境的作用，既有视觉享受又能净化空气的就是好花。不同的地方其实应该摆放不同的花卉,有的花还是不适宜入屋的,否则会造成空气污染。

适合老人养的四种花

长寿花　花期长,花色丰富艳丽,还有着大吉大利、长命百岁的寓意,适合老人养。

虎皮兰　又叫作虎尾兰,叶片直立肥厚,是不错的观叶植物之一,还可以净化空气,保持室内空气洁净,因此家中有老人的更应该养一盆。

茉莉花　淡雅,赏心悦目,把一盆盛开的茉莉花放在室内,满屋飘香,光是闻一闻就会感觉心情愉快,非常适合老人在家里栽种。但因其花香浓郁,所以室内不宜养太多。

金钱树　常见的观叶盆栽,叶片浓绿,观赏性很强,可以净化空气,对老人的健康非常有益。

冷水花养护注意啥

冷水花又名铝叶草,为荨麻科多年生常绿草本植物,株高约 30 厘米,茎肉质,分枝较多,叶卵形或椭圆状卵形，叶面底色为绿色，叶脉间杂以银白色的斑块，绿白相间，极为醒目。

冷水花性喜温暖湿润及半阴环境，怕强光直射。盆栽宜用腐叶土或泥炭土、园土加 1/5 左右河沙或珍珠岩和少量腐熟饼肥末混合配成的培养土。一般于每年春季换一次盆。生长旺季每月施一次稀薄液肥。浇水要"见干见湿"，切勿积水。

春秋季节宜放在半阴处，夏季放在室内通风良好又有明亮散射光处，冬季放在朝南的窗台上。入秋后减少施肥和浇水。生长适温为 15~25℃，冬季室温不能低于5℃。越冬期间要停止施肥，严格控制浇水。

兰花秋冬季如何巧分盆

春季开花的兰花，在 9 月下旬至 11 月或新芽萌动以前应该分盆了。分盆的好坏直接关系到兰蕙的成活和生长，不可掉以轻心。兰花分盆应注意"四要"：

兰根要洗净　在分盆前 5~7 天应施一次离母肥，以利于分盆后的兰蕙元气充足，加快恢复生长。分盆时的盆内要稍干一些，以防伤至新根和兰芽、花苞。在操作过程中切忌生拉硬拽，需用手掌轻敲盆壁两侧，以便盆泥（兰石）脱壳。在盆土充分干燥后，轻轻取出植株，除去泥土，剪除烂根、断根，用清水洗净根、叶，晾干，待兰根变软后，用剪刀在空隙大的鳞茎处剪开，剪口涂上木炭粉或硫黄粉（以防病菌感染），然后再种。

兰盆要透气　兰盆的通风透气程度如何，直接关系到兰花生长的好坏。一般而言，瓦盆通风透气最好，紫砂盆次之，瓷盆最差。不管用何种盆种兰花，盆底一定要添加比较粗的质料，确保通风透气。有人在盆底用塑料饮料瓶打空制成透气沥水罩，周围添加砖块解决通风透气的问题，利用砖块吸水保湿好的特性保证盆底润而不燥。

殖材要沥水　养兰重在养根，根好兰才苗壮。兰花养不好，十有八九问题出在植料透气沥水差导致烂根上，所以植料的透气沥水少不了，必须因地制宜下工夫配制透气沥水的植料。实践证明养兰植料最好是颗粒植料与过筛兰花泥混合配置为好，这样可优势互补，效果良好。

根土要密　接种时将新芽向外，以利于生长。兰于盆中犹如人住房间，讲究舒适怡兰。根据苗的多少，选择盆具的大小、款式，不应大苗小盆，尤忌小苗大盆；

直桶盆可将兰蕙放于盆中间，兰根直立进盆；敞口盆要将长兰根转圈于盆壁，以使兰苗稳住根基。植料放好后轻摇兰盆，使兰根与植料稍有接触度。上盆时将植株放在盆中间，使盆分布均匀。一手握苗，一手填入营养土，边填土边摇动花盆，使根与土密接。上盆后浇透水，放在避风稍阴湿处，以后适当控制水量，直到新芽萌动。

怎样养鱼才能减少死亡率

要想降低鱼的死亡率，日常饲养管理不能马虎，这就要从以下几方面入手了：

首先，饲料的选择有很大学问。不同鱼的品种，食性都不一样，可分为草食性、肉食性、杂食性和碎屑食性 4 大类。金鱼属于杂食性，水中的藻类、水草、昆虫、浮萍、蚯蚓、鱼虾碎肉、动物内脏都是金鱼的食物。鳑鲏就是草食性的，而斗鱼是属于杂食偏肉食性，所以在投食时要先了解养的鱼是什么食性。一般在金鱼饿的时候投喂比较有效果，蔬菜应保证没有农药污染。

此外，换水也是一个关键。多长时间换水，要视水质情况而定。换水时不能一次性将水换完，这样会让鱼儿突然出现不适，每次可以换去 1/3~1/4 的水量。在家里养鱼要把鱼缸放在有阳光照射 1~2 个小时的地方（久晒之地不宜），这样不仅能利用阳光中的紫外线杀菌防病，还可以和鱼缸中的水草起到光合作用从而增加溶解氧等，也会让鱼体的颜色较为鲜艳美观。

最后，我们要做好预防疾病的准备，时常注意宠物鱼的健康情况，比如它的吃食情况以及活动量等。如果出现病鱼，就得和健康鱼分开来养，以防止疾病感染其他健康鱼。

金鱼缺氧急救妙招

家养的金鱼如果不时将头伸出水面呼吸，说明水中已严重缺氧，若不立即采取措施，金鱼会因缺氧而窒息死亡。发现这一现象时，可采用下列方法急救：找一个大的塑料可乐瓶或雪碧瓶等，用清水冲洗干净后，在瓶内装入大半瓶放置 2~3 天后的自来水，一只手堵住瓶底，双手用力上下猛烈摇晃二三十下，由于瓶壁与水不断撞击，可加快氧在水中的溶解以及有害气体的清除，然后再将水倒入鱼缸中，即可使鱼缸中水的含氧量迅速增加，从而使金鱼在缺氧后恢复正常生活。

养鱼先养水

生活中我们常会听到有人说，前几天买的鱼，昨天还是好好的，怎么今天早上起来就死了呢？这大都是因为我们一时兴起便随便买几条鱼回家，难免就会出现这样的问题。

准备养鱼时先要想好养什么鱼，在选择鱼的品种时不要被鱼的外表所迷惑，如果是新手养鱼，建议选择金鱼、孔雀鱼等较为好养的鱼。然后就是根据鱼的大小、多少挑选合适的鱼缸。拿金鱼来说，假设鱼缸长50厘米、宽25厘米，水面就是1250平方厘米，那么一般可以养3~4条5厘米长的鱼，这样才能保证水质和溶解氧等。

选好了鱼和鱼缸，并不是倒上自来水就万事大吉了。常言道："养鱼的难度正在于此。"自来水是不适合直接养鱼的，只有变成富含腐殖质和有益的微生物及藻类的"老水"才行。可以让一些水草的枯枝败叶腐烂在水中，甚至在底砂中埋入数枚死蛤肉。还有效果更好的方法是用鱼"闯缸"：即把几条既便宜又强壮、易养的鱼放养在新设的水族箱中。饲喂几天后，水中便产生了一定的氨，这时可添加少量的硝化细菌（一般鱼店都会售卖），然后再饲喂几天，再加少量的硝化细菌。如此反复几次，约一个月的时间便可建立起硝化菌群。硝化细菌是好氧菌，因此，养水过程中加氧泵、过滤器最好一直开着。做好了上面这些，养鱼才算正式开始了。

观赏鱼怎么饲养

家养观赏鱼五颜六色，能美化家庭的整体环境。但是观赏鱼寿命比较短，如果稍微饲养不慎就容易死亡，需要小心照料。

如果初次喂养观赏鱼，尽量买生存能力强的文种类的金鱼。这类金鱼容易养活，而且存活的时间长，适合新手饲养。

及时给鱼缸换水。鱼缸里的水要按时更换，以保证水质的干净。注意换水时不要一次性把水都换掉，那样鱼类很难适应新换的水质、水温等，容易导致鱼的死亡。

定时清理鱼缸里观赏鱼的排泄物，保证鱼缸的清洁。观赏鱼排泄的废弃物对水质污染较重，容易滋生细菌。要及时清理水底的排泄物，以保证观赏鱼生存环境良好。如果有条件可以安装个过滤装置，比较省事。

选用合适的饲料并注意喂养次数和方法。买鱼饲料要选择正规厂家生产的、质量合格的产品，这样能保证鱼吃完饲料后容易消化吸收，不生病。在喂养饲料时要注意白天一般在 3 次左右，每隔 6 个小时喂养一次。晚上尽量少喂食。

保证鱼缸里的氧气供应。观赏鱼活动量大，消耗的氧气也大，如果想保证它们长时间存活，最好安装个充氧装置，以保证鱼缸里的氧气供应。

根据鱼缸的大小放置一定数量的观赏鱼。观赏鱼生存需要一定的空间，这样它们能自由的活动。因此要根据鱼缸的大小再决定放置观赏鱼的多少，一般盛 100 升的水鱼缸可饲养 10~15 条的鱼。

如何创造金鱼舒适的环境

通常将水族箱放置在近窗户通风又有阳光的地方为宜。家养的长方形水族箱因体积较小，千万不可多养金鱼，宜少不宜多。如在长为 40 厘米、宽 25 厘米、高

30 厘米的容器内，可饲养 5~7 厘米长的小金鱼 6~8 尾。如直径为 26 厘、高为 13 厘米的圆形玻璃缸，可养 4~6 厘米的小金鱼 4~6 尾。鱼体身长超过 8 厘米的成鱼，不宜在小型的玻璃缸中饲养，而需在豪华型的大玻璃缸中或在陶瓷中饲养，并配以小型充氧机备用，以防缺氧。

这些放养密度只是参考数字，还要看水温的高低、鱼体的强弱和水质的好坏来决定，不能机械行事。一般说来，鱼体大，养数少；冬季多养，夏季少养；水温低时可多养，水温高时要少养。

怎样防治水草缸中藻类暴发

我们的水草缸总避免不了要发生藻类。一旦藻类发生严重时，则影响水草的正常生长，同时也影响水草的观赏效果。没有哪个水族箱能做到不生长藻类，少量生长的藻类并不破坏景观，而大量藻类蔓延生长在沉木、石块、水草上，相信没有人会再认为这是一种自然的美。水草是活的有机体，和陆地上的植物一样，也会发生各种各样的疾病，这是很正常的现象。

那么，该如何解决水草生长不良和患疾病的问题呢？这就需要我们平时细心地去观察，了解水草生长的规律和发病的特点，那么感染细菌、病毒等病害的机会就会少很多。只有定期换水才能有效地预防藻类的发生。水箱内一旦发生了藻类，要想办法利用以藻为食的鱼类防除。这是防除藻类的有效途径。黑玛丽、青苔鼠是吞食藻类的好手。但是，切记不要放养一条鱼，因为这些鱼都是以群聚生活的。如果一种鱼类放养单条鱼，往往会失去其食藻的习性；若放养数条，则会增强它们互相竞争抢食的特点，使之变得更活跃。对付藻类的另一个有效方法就是连续每天换 1/4~1/5 的水，3~4 天就可见效，当然此期间需要适当缩短照明时间以及停止添加肥料。

藻类一旦过多，只有耐心地将沉木、岩石等取出来清洗，而水草叶茎上的生长藻类就只能一一修剪掉；同时以后的日子里需要注意换水；减少照明时间、光照强度及减少施肥等因素直到藻类彻底减少。

藻类并不是无法根治的，只要平时多作一些预防，多注意自己的操作环节是否错误，那么至少比等到它大面积蔓延时再清除要容易得多。一缸正常生长的水草造景并不容易发生藻类肆意蔓延的现象。

第七章

居家清洁

菜板清洁有妙招

菜板是每个家庭必备的厨房用品，每天做饭切菜都要使用到菜板，许多人在做完饭菜之后把菜板用抹布擦擦就完事。其实，菜板可以说是厨房最脏的地方，菜板如果清洁不彻底，很容易滋生细菌，如果长时间在潮湿环境下，很容易发霉，导致肠道疾病的发生。下面盘点了日常生活中菜板的清洁方法，大家可以参考一下：

阳光暴晒　阳光中的紫外线有杀死细菌的作用，可将菜板放到太阳底下暴晒，这样不仅可以杀死细菌，而且可以除掉菜板积累下来的大部分水分，保持菜板的干燥，减少病菌繁殖。

洗烫清洁　用硬刷和清水把表面清洗干净，然后用开水冲洗一遍。要注意的是，不要先用开水冲洗，因为菜板上可能残留肉渣，遇热会凝固，更不易清洗。洗后将菜板竖起挂在阴凉处。

撒盐除菌　使用菜板后，用刀将菜板的残渣刮干净，然后每隔一个星期撒一层盐进行消毒、杀菌、防霉，可以防止菜板出现裂痕。

小苏打 + 白醋杀菌　菜板在切过鱼、肉之后残留的腥味很难去除。使用小苏打和白醋可以巧妙去掉腥味。白醋中的醋酸是很好的消毒剂，可以有效抑制有害的大肠杆菌、沙门氏菌和葡萄球菌。在上面撒上一些小苏打，然后喷上未稀释的白醋，保持气泡状态 5~15 分钟，然后用清水冲洗。

生姜擦拭　菜板用久了容易产生怪味，切一块生姜在菜板上擦拭一遍，然后一边用热水冲，一边用刷子刷洗，怪味就会消失。

盐 + 柠檬擦洗　柠檬切两半，挤压出汁，撒上盐，用柠檬蘸上盐擦洗菜板表面，清洁的同时还能除异味。

生熟分开　菜板最好分生食板和熟食板，或者一面生食一面熟食。因为蔬菜和生肉中都含有大量的细菌，在切菜的过程中细菌会附着在菜板和菜刀上。另外，刀具、抹布等也要清洗干净，避免细菌的交叉传播。

常更新菜板　最好两三年更换一次，使用不要超过5 年。

淘米水并非洗菜"神水"

生活中很多人都在为清洗绿叶菜费心思。为此，我们将根据实验找出最健康的洗菜方式。

实验过程：用果蔬清洗剂、碱水、醋水、开水、可乐、淘米水、盐水、白酒兑水分别浸泡8分钟后，再用自来水清洗2遍；果蔬清洗剂浸泡8分钟；自来水直接清洗3遍。用上述方法分别对小白菜、油菜和芹菜（分有机与普通两种）进行处理，沥干水分后装入密封袋，另外各加1份未清洗过的样品，送中国检验检疫科学院综合检测中心检测。

实验发现：有机蔬菜中维生素C含量明显比普通蔬菜中维生素C含量高。开水清洗后蔬菜中维生素C含量降低特别明显，芹菜经开水清洗仅1分钟后，维生素C居然荡然无存；盐水对芹菜、醋水对小白菜维生素C含量的减少也有较明显的作用。不少人把淘米水当成洗菜的"神水"，可是此次实验发现，淘米水洗菜对于减少重金属、保持维生素和矿物质没有明显优势。据专家介绍，淘米水本身的质量受大米质量的影响。用淘米水洗过之后，还要再用清水冲洗干净，对水的节约也并不明显。

实验结论：果蔬清洗剂和醋水可以有效降低绿叶菜中重金属的含量，但同时也会减少矿物质含量；开水洗菜严重破坏绿叶菜中的维生素；盐水清洗的蔬菜检测指标比其他方法清洗的优势也并不明显。据了解，盐水洗菜如果冲洗不干净，还容易造成蔬菜的盐含量和一些其他元素的增加，容易变得更不健康。相比之下，清水才是洗菜必不可少的"神水"。通过实验可以看出，综合来看，清水对减少重金属、保持矿物质、保持维生素 C 等的综合效果相对较好，而且不管采用哪种方法洗菜，最后都需要用清水冲洗干净。

好方法去木地板顽渍

木地板使用时间一长总是免不了留下顽固污渍，对于这些污渍如何清除呢？如何对木地板进行保养呢？

蜡烛去污　将蜡烛头切碎去掉烛芯，称其量，加入等量的松节油于蜡中，置于装有冷水的锅中隔水煮沸，使蜡烛溶化，搅拌后倒入罐中冷却备用。为了使擦地板轻松而省力，使用前地板蜡可稍加热，这样可有效去除木地板污渍。

　　自配洗剂　在大锅中放入软肥皂、漂白土、苏打各450克，再与2270毫升的水充分混合，将它们煮沸并熬至原来体积的一半，然后冷却并存入罐中备用。用硬刷蘸此液刷净地板上的污迹，通常可以顺着地板的纹路刷，然后用热水清洗并使之干燥。

　　色拉油、牛奶与茶　擦地板时，在水中加几滴色拉油，可使地板非常光亮。或者用发酸的牛奶加少许醋，不但可以去污，而且能擦得很光亮。另外，油漆地板上的污垢，可用浓茶汁擦去。用烧过的蜂窝煤灰擦抹厨房地板上的污迹，然后再在拖把上洒点醋拖抹地板，也很容易除掉污迹。

　　浓碱水　地板上有润滑脂之类的油迹，可用煮沸的浓石碱水溶液清洗，然后在污迹上覆上用漂白土和热水合成的面团，并保持一个晚上再清洗，如果有必要可重复进行。

常给宠物做清洁

　　许多家庭都养有狗、猫、鸟等宠物，它们在给全家人带来欢乐的同时，也可能传播多种疾病。例如，被猫、狗咬伤后如果不及时打狂犬疫苗就可能得狂犬病；寄生虫病，包括弓形虫、鞭虫、钩虫病、蛔虫、绦虫等，尤其是弓形体病是人畜共患病，猫、狗或鸟类等都可以寄生，如果孕妇感染了这种病，易引起流产、胎儿畸形；宠物身上的害虫、细菌传给人后易引起皮癣、湿疹等疾病。

有宠物的家庭，一定要经常保持室内外卫生，如准备好宠物灭虫剂、宠物沐浴液等宠物用品，经常为它们清洁身体；要给宠物定期注射犬用狂犬病疫苗，不要跟宠物太过亲近，尤其不要与其亲吻；家里的孕妇要回避宠物，平时接触动物后要洗手，并定期给家中饲养的宠物驱虫；定期清洗宠物的衣服、玩具，并拿到阳光下暴晒；宠物的食具也要定期消毒，和宠物玩耍后或者在接触宠物或玩具、笼子等宠物用具后，必须用肥皂清洗双手，没洗手前不要用手擦脸或眼睛；不要让宠物钻进被窝，平时遛狗时不要让它随便排便，最好给狗带上粪兜，并注意及时收拾、清扫粪便；鸟粪被鸟踏碎后病毒与病菌便飞扬到空气中，容易造成室内的空气污染，因此，养鸟最好不要在室内。清洁宠物排泄物要用专门的清洁剂，不要使用84、过氧乙酸、戊二醇等这类刺激性很大的消毒剂。

新家具如何除味

菠萝、橘子皮、花椒、洋葱等　将它们分成小份，放置在房间各个角落以及装修味道最浓的地方，一般一周内装修味道大幅度降低。

茶叶　将烧开的水泡茶，茶叶应该多放，保证茶水浓度要够，当茶水蒸气挥发的时候，用塑料小桶将其分放到各个房间熏蒸汽。水凉后，再加热水，如此反复几次，室内装修味道大幅度降低。

植物　兰草类、仙人掌科、芦荟等植物适宜室内放置，价格低廉，且美化环境。未入住的情况下，卧室、客厅、厨房可按 1 盆 /2 平方米放置。一个月内，装修味道将大幅度降低。芦荟还能起到作为室内环境污染监视器的作用，当室内空气质量较差的时候，其叶表会长出很多小斑点，反之，室内空气质量良好。

通风　尽量保持室内长时间开窗通风，也可以用电风扇辅助加速室内外空气对流量，强制通风一个月，装修味道将大幅度降低。

旧家具变新法

牛奶擦洗法　用一块蘸了牛奶的布，擦拭桌椅等家具，不仅可清除污垢，还可使家具光亮如新。

醋水擦洗法　用半杯清水加入少量醋（水量的1/4），用软布蘸此溶液擦拭木制家具，可使家具重现光泽。

凉茶擦洗法　泡一大杯浓茶，让其变凉后，将一块软布浸透，擦洗木制家具 2~3 次，然后再用地板蜡擦一遍，可使家具的漆面恢复原来光泽。

家具贴纸法　市场上较畅销的"家具翻新贴纸"，材质为 PVC 塑胶，品种、花色非常丰富，粘贴方便，且可用水清洗，是家庭装饰中用途广泛的一种墙纸。

自制软包法　使用了多年的软体沙发，适宜用布艺套罩的方法来进行二度装饰，而坐感生硬的木质坐椅，也可用布艺来进行"软包"。

用天然物品清洗果蔬

热水　先用水冲掉食物残渣，再用热水泡 5 分钟，最后用水冲洗一次。如果很油的话，先把油渍抹掉再用热水泡。

食用碱（小苏打） 小苏打是粉末状的，食用碱呈固体，两者本质上没有区别。食用碱洗菜能去除农药对蔬菜的污染。缺点是对食物中的维生素 B_1、B_2 和维生素 C 有较强的破坏作用，同时会影响人体对某些矿物质的吸收和利用，因此洗菜的时候浓度不可太高，且要冲洗干净。

茶仔粉 茶籽粉富含天然茶皂素，能迅速去除油污，可清洗碗筷、蔬菜、水果等，好冲又好洗，能分解蔬果中的残存农药。它不伤皮肤，无化学残留，是一种天然绿色、高效环保的家用洗洁用品。 真正的茶籽粉不含任何添加物，其颜色应为深咖啡色，而且有一股浓郁的茶籽香味，很好辨认。

轻松收拾小厨房

家里每天吃完饭之后，洗洗涮涮根本忙不过来？教你几个小技巧，10 分钟就能收拾好 。

清洗碗碟 碗碟上的油污难清洗，可以撒一点小苏打，用水泡一会儿再洗可轻松去污，还不伤碗碟。

洗案板　在案板上倒一点小苏打和盐，然后用干净的抹布擦拭，马上让你的案板跟新的一样。

清理水槽　家里的水槽总是不干净，还老是堵？别急，在水槽中分别倒入小苏打和醋，让它们反应一会儿覆盖整个水槽后，再用抹布擦便能轻松去除污渍。

清理电饭锅　煮过饭的电饭锅上有干饭粒很难清洗，这时只要在电饭锅里加点醋并开煮饭档煮 5 分钟后，再用抹布一擦就好了。微波炉也同样适用此方法，用一杯醋，也可加一片柠檬，在微波炉中高火加热 10 分钟，即可去掉污渍。

洗碗莫忽视细节

现实生活中，很多人常常把要洗的碗浸泡在水中，并且一放就是好几天，这个做法大错特错。实验发现，在装水的碗中各放入 1~5 克肉、鱼、米饭、蔬菜，室温环境下放置 10 小时，碗内葡萄球菌、大肠杆菌数目居然增加至原来的 7 万倍。

吃完饭后，很多人都会把油腻腻的碗盘摞在一起清洗，这样只会造成互相污染，让刷洗工作量增加一倍。

吃完饭后要给碗盘分类，没油的和有油的分开放，先刷没油的，后刷有油的。此外，盛生肉的碗要与盛熟食、果蔬的碗盘分开，洗碗布也要分开。先洗盛熟食的碗，后洗装生肉的碗。

有人经常抱怨碗总是滑滑的涮不净，这多是因为洗洁精没冲净。刷碗前，最好先在半碗水中加几滴洗洁精稀释，每次用洗碗布蘸取少量刷洗即可，不要把洗洁精直接涂在洗碗布上。

过去没有洗洁精的时候，人们通常都是用热水和米汤刷碗，温和环保。热水能降低油脂的黏性，让它容易被冲走；米汤、面汤中的淀粉能和油脂结合，进而去除黏腻。如果碗筷上油污很重，可用碱面加热水来洗，但碱伤皮肤，最好戴手套。碗筷洗后宜控水晾干，不要用抹布擦干，以免微生物繁殖。建议洗碗布 1~2 个月更换一次。

另外，在洗碗时，有些人只注意洗碗的内部，不注意洗碗底，结果碗叠碗时，这个碗的底放在另一只碗上，碗底的细菌正好带到另一只碗内。因此洗碗时要想洗得彻底，千万不要忽视每一处细节。

对于如何洗碗，很多人都有自己的秘籍，碱水、淘米水……到底哪种方式更好呢？研究人员进行了相关实验。

实验过程　将外订的宫保鸡丁分别放入 6 个小餐盘中。静置一会儿将菜倒出，再分别用清水、热水、碱水、淘米水、洗涤灵水清洗 5 个餐盘，一个餐盘用吸油纸擦拭后，所有餐盘再用流动清水冲洗干净。待餐盘表面干燥后，取出一片洁净度速测卡进行测试。

实验结果　检测发现，最初用清水和淘米水清洗，很难去除餐具表面油渍。检测结果显示，先用吸油纸擦拭再用水清洗以及用碱水、洗涤灵、热水清洗的餐具检测卡呈绿色，表示餐具表面洁净度最好；单用清水、淘米水清洗的检测卡呈绿色，略偏灰，表示基本洁净。

专家观点　餐具不洁净有可能导致大肠菌群等细菌超标，造成传染病的发生。专家提醒，用餐完毕应尽快对餐具进行分类清洗。先清洗无油餐具及盛粥、盛饭的碗，用水清洗两遍就很干净，风干后会很难清洗；有油餐具先用吸油纸擦拭或先用碱水、热水、洗涤灵水清洁，再用流水清洗；存放碗碟要沥干水分或烘干。此外，热水消毒其实不靠谱。高温的确能杀死部分微生物，但要满足一定的条件，比如 134℃时 3 分钟，115℃时就需要 25

分钟。当低于某一温度,即使时间再长也起不到杀菌作用。

家中厨余垃圾应当天处理

厨余垃圾泛指家庭生活饮食中所需的生料及成品(熟食)或残留物,一是熟厨余垃圾,包括剩菜、剩饭等,二是生厨余垃圾,包括蔬菜叶、果皮、蛋壳、茶渣等。当然,家庭厨余垃圾还包括用过的筷子、食品的包装材料等。

由于人们的餐饮特性,厨余垃圾中水分含量高达74%,且厨余垃圾中的盐分(氯化钠)也偏高。首先,厨余垃圾是威胁城市居民身体健康的重大病菌的产生源头。国外权威微生物实验室曾对餐饮垃圾(泔水)中微生物进行检测,结果显示,泔水中有沙门氏菌、志贺氏菌、金黄色葡萄球菌、结核杆菌等,这些细菌都是具有强烈感染性的致病菌,若不及时或忘记带出户外,腐败后散发之气存留室内将造成污染。其次,厨余垃圾中有许多致病微生物,往往是蚊、蝇、蟑螂和老鼠的"营养厨房"。蚊子叮咬人体皮肤,在吸血时向人体注入唾液,可传播如疟疾、丝虫病、流行性乙型脑炎等疾病。老鼠除了糟踏粮食、破坏物品外，还可传播鼠疫、斑疹伤寒、森林脑炎及出血热等。苍蝇身体表面能黏附1700多万个细菌，肚子里的细菌则更多，能传播痢疾、伤寒、肝炎、霍乱、结核病、白喉、沙眼、蛔虫等30多种病。蟑螂能携带多种病菌，并会产生有臭味的分泌物，破坏家庭食物的味道。

家庭成员中有免疫力较低的老人、孩子、过敏体质的人来说，间接接触被蟑螂、蚊子等污染过的食品或灰尘，可能会让细菌乘虚而入，或者发生过敏反应等，对人体健康产生很大威胁。

厨余垃圾究竟应该如何处理？建议现在的每个家庭，当天必须处理厨余垃圾，用垃圾袋装好，当天扔到垃圾集中地，然后由小区的物业管理专业人士把这些生活垃圾集中起来，最后用封闭的垃圾车拉走，进行焚烧和压缩处理。

久待空调房　小心军团菌

炎炎夏日，享受空调带来的清凉，非常惬意。要注意的是，空调房也是细菌滋生的场所。长时间吹空调或者待在污染严重的空调环境中，容易引发呼吸道疾病，对鼻黏膜、口腔黏膜甚至眼睛刺激，容易产生"空调病"，出现呼吸困难、浑身无力、头疼头晕、胸闷、咳嗽、发烧等症状，尤其是对过敏体质的人，空调也会给人的健康带来严重的危害。

空调的微生物能对人体产生危害，另外，在颗粒物的表面往往沉积着一些有害物质，比如多环芳烃，容易对人造成危害，甚至引起肺癌、肝癌等多种肿瘤的发生。

除了积尘和微生物，空调冷却水塔中的军团菌也是致命的危险分子。特别是在公共场所的空调间，军团菌是潜藏在中央空调里致命的"杀手"。如果中央空调受到军团菌的污染，很容易感染军团菌病，危害极大。一旦感染，病人就会出现高烧、寒战、咳嗽、胸闷等类似于上呼吸道疾病的一种症状。建议大家不要长时间待在空调房间里，空调过滤网要经常清洗，最好在每年使用前，找专业清洗公司彻底清洗一下空调。

巧用天然清洁剂

生活中，我们已经习惯了用化学清洁剂洗衣服、洗碗、清理厨房里面的边边角角，认为这样才比较干净。

实际上，用生活中的纯天然物品作为清洁剂，效果丝毫不会逊色于化学制品，而且不伤皮肤，有利于健康。

番茄酱　清洁铜质器皿时挤一些番茄酱在上面，隔几分钟后铜制器皿就会光洁如初，然后用温水清洗，再用干毛巾擦干即可。

白面包　对于一些特殊的器皿，用面包清洗比使用带有一定腐蚀性的清洁剂要好很多。清除油画上的灰尘可先将油画轻轻地拍打一下，然后用白面包片擦拭油画的表面。

燕麦　可用它来清洗弄得非常脏的手。将燕麦调成糊状，擦洗双手，最后用清水冲洗。

苏打水　可以使用苏打水清洗脏了的不锈钢器具。用布蘸苏打水，然后擦拭不锈钢器具，最后再用一块干布擦干即可。还可以用苏打水清洗键盘，用棉签蘸取，然后擦拭键盘的缝隙污垢。

茶叶水　可以用它来清洗生锈的工具。冲几壶浓点的茶，放凉，然后浸泡工具，几小时后拿出用布擦拭，即可除锈。清洗过程中最好带上橡胶手套。

大米　花瓶或者是长颈类的瓶子比较难洗，洗时可以先将瓶内盛 3/4 的温水，再加入一勺米，然后用力来回摇晃 2 分钟，再用清水冲洗，瓶子就干净了。

玉米粉　可以用它来清洁溅到地毯上的油污。将玉米粉撒在地毯上，自然吸收 15~30 分钟即可。

生活中的清洁好帮手

有些东西加工后有清洁作用，用起来比化学清洁剂更安全，更不伤手。

柑橘类果皮煮水除污又清香　橙皮和米酒泡 10 天后，以 1 ：10 的比例兑上清水就是很好的地板清洁剂，各类材质都适用。木质地板还能用蜂蜡或者柠檬汁，以 1 ：2 的比例混合橄榄油或者植物油制成的清洁剂来去污，清洁之余还能保养木地板。

苏打粉去味又除污　用 60 克小苏打和 500 毫升水混合，制成的苏打水可随时使用，能吸附异味，除污垢，可刷锅洗碗，擦水龙头和台面等。

食醋去除顽垢　醋（最好是白醋）与热水 1 ：1 混合，将抹布蘸取混合液擦拭油污处，静置 1 分钟，再以抹布或菜瓜布擦拭就能擦掉厨房里的顽固油污。

别让凉席成为细菌之"家"

炎热天气，很多人喜欢躺在凉席上睡觉，因为凉席舒服凉快。不过，如果使用凉席时不注意，很容易对身体健康造成危害。

目前市场上，不少价格便宜的凉席，譬如用苇、草编制的凉席，很容易受到病菌侵害留下隐患。因为用苇、草编制的凉席，不便于洗刷，上面经常会沾染、滋生细菌或螨虫等，人睡在上面很容易受到传染而生病。同时，有一些过敏体质的人，睡在苇、草编成的凉席上，还会产生一些过敏反应，例如皮肤出现红肿、瘙痒等，严重者还可能造成皮肤溃烂。

另外，还有一些人贪图凉快，喜欢赤身裸体直接睡在凉席上，这样一来，汗液很容易渗透到凉席缝隙中，久而久之，这里就会成为细菌的一个"大家庭"，大量的细菌、寄生虫等聚集在这里。如果人赤身睡在上面，很容易造成有害病菌直接侵入人体毛囊组织，造成皮肤病等，而且赤身睡在凉席上，还容易导致感冒受凉，并引起腰腿酸痛等症状。

所以，我们在天热享受凉席的清爽之时，也应该养成良好的健康习惯。首先，购买凉席时，应选择以竹子、藤条等为材质制作的凉席，一方面不易造成人体过敏，另一方面还便于清洗。同时，要注意保持凉席的清洁，做到一天一擦，一星期一洗一晾晒。此外，在凉席上睡觉时，最好穿上棉质睡衣，不仅吸汗，还可以防止腹部受凉。

家用饮水机怎样清洗消毒

现在许多家庭都配备了饮水机，但是，由于桶装水饮用过程中有空气不断进入，难免将灰尘及微生物带入水中。为了保证喝上纯净卫生的饮用水，饮水机要经常清洗消毒。

正常情况下，饮水机的清洗消毒一般以夏季每个月2次，冬季每隔一两个月洗1次为好。饮水机的消毒，可以请桶装饮用水生产厂家专业人员上门服务，也可以自己进行。如果自己进行消毒，可以按以下的步骤来操作：第一步：关闭电源，先打开饮水机后面的排污管，排净余水。因为排污管里的剩余水才是导致饮水机二次污染的关键，再打开所有饮水开关放水。第二步：用镊子夹住酒精棉花,仔细擦洗饮水机内胆和盖子的内外侧。第三步:将消毒剂按使用说明配制成 3000~5000 毫升消毒水, 再充盈整个腔体,留置 10~15 分钟。第四步:打开饮水机的所有开关,包括排污管和饮水开关,排净消毒液。

饮水机消毒完毕, 还可能有微量的消毒液残留, 不可以马上饮用。一定要用 7~8 升的清水连续冲洗整个饮水机腔体, 否则, 消毒液残留, 会成为新的水质污染原。消毒完毕之后,用酒精棉花擦洗开关处的后壁。用杯子接水时, 很容易碰到饮水机开关处的后壁, 所以不能用抹布擦, 否则会有细菌沾到杯子上, 被人喝进去。

羽绒服怎么清洗

一定要手洗　在羽绒服内侧, 都缝有一个印有保养和洗涤说明的小标签, 细心的人会发现, 90% 的羽绒服标明要手洗, 切忌干洗, 因为干洗用的药水会影响保暖性, 也会使布料老化;而机洗和甩干, 被拧搅后的羽绒服, 极易导致填充物薄厚不均, 使得衣物走形, 影响美观和保暖性。

30℃水温漂洗 先将羽绒服放入冷水中浸泡20分钟，让羽绒服内外充分湿润。将洗涤剂溶入30℃的温水中，再将羽绒服放入其中浸泡一刻钟，然后用软毛刷轻轻刷洗。漂洗也要用温水，能够利于洗涤剂充分溶解于水中，可使羽绒服漂洗得更干净。

使用洗衣粉浓度不能过高 如果一定要用洗衣粉清洗羽绒服，通常两脸盆水中放入4~5汤匙洗衣粉为宜，如果浓度过高，难以漂洗干净，羽绒中残留的洗衣粉会影响羽绒的蓬松度，大大降低保暖性。

使用中性洗涤剂 中性洗涤剂对衣料和羽绒的伤害最小，使用碱性洗涤剂，如果漂洗不净，残留的洗涤剂容易在衣服表面留下白色痕迹，影响美观。去除残留碱性洗涤剂，可在漂洗两三次之后，在温水中加入两小勺食醋，将羽绒服浸泡一会儿再漂洗，因为食醋能中和碱性洗涤剂。

不能拧干 羽绒服洗好后，不能拧干，应将水分挤出，再平铺或挂起晾干，禁止曝晒，也不要熨烫。晾干后，可轻轻拍打，使羽绒服恢复蓬松柔软。

冬季给室内空气消消毒

冬季气候寒冷，人们在室内活动的时间相对增多，这就增加了人体与室内污染物质的接触时间。也因为冬季气温较低，人们往往只注意保温而减少了室内的通风换气，从而造成空气中的污染物质大量积聚。

据调查，冬季室内空气污染比室外要严重数十倍。这种空气污染，看不见，摸不着，是人体健康的"隐性杀手"，其危害是多方面的。首先，冬季因为原始的取暖，会使室内的一氧化碳、二氧化碳及可吸入颗粒物含量都大大增加。这些有害物质会导致人体呼吸系统的刺激性伤害和免疫力的下降，增加了传染包括感冒在内的呼吸道疾病的机会，也会使已有的疾病症状加重而难以治愈。另一方面，冬季由于采暖、封闭等原因，室温高，又不通风，因而所造成的室内化学污染也比夏季更为严重。此外，冬季室内空气过于干燥，飘浮在空气中的细菌和病毒吸附于人体的几率也大大增加了。

为了有效防止冬季室内污染对健康的危害，保健学家提出"给室内空气消毒"的建议，具体方法如下：

开窗通风　晨起后、晚睡前或刚进入房间时，最好能打开门窗通风半小时。据调查，在空气不流通的室内，空气中的病毒细菌飞沫可飘浮30多个小时。如果常开门窗换气，则污浊空气可随时飘走，而且室内也得到充足的光线，多种病毒、病菌也难以滋生与繁殖。

物理化学消毒　可在每个房间（15平方米左右）安装一支30瓦的低臭氧紫外线灯，照射1小时以上，可杀灭室内空气中90%左右的微生物。也可用过氧乙酸或食醋熏蒸，消毒室内空气，具体计量：每立方米空间用药液1克，熏蒸1小时，即可消毒空气。此外，室内点燃消毒卫生香，每个房间点一盘，既能达到室内消毒，对人体又没有毒副作用。

保湿和净化　冬季室内空气湿度普遍偏低，可用地面洒水、蒸发水汽（条件允许，可使用加湿器）的方法提高空气湿度，减小细菌和病毒吸附人体的几率。感觉空气不洁时，可使用市场上销售的空气净化产品，但是由于产品的使用方法和性能不同，最好能在专家的指导下合理选择和使用，防止造成二次污染或损坏装修材料及家具。

窗帘质地不同清洗方法各异

窗帘用得久了上面的灰尘、细菌会很多，对人的健康是有损害的。一般来说，冬天可以 3 个月洗一次窗帘，且不同质地的窗帘洗的方法也不一样。

绒布窗帘　绒布窗帘一般都比较厚实，吸尘力较强，窗帘拆下来之后可以先抖一抖，将上面的灰尘先抖掉，再放入含有清洁剂的水中浸泡 15 分钟左右。为了防止绒布窗帘变形，尽量使用手洗，有助于保持窗帘形态。洗干净之后将窗帘轻轻拧干，使水自动滴干蒸发即可。

棉麻布窗帘　棉麻布质料的窗帘一般较为轻薄，清洗起来也比较容易，可以直接放到洗衣机中用洗衣粉清洗。当然，再加一些衣物柔顺剂，有助于使棉麻布窗帘洗后更加柔顺，更好地保持窗帘美态。

花边窗帘　带有花边的窗帘一般款式较为复杂，不适合用力清洗。为了保持窗帘的形态，清洗之前可先用柔软的毛刷将表面的灰尘轻轻扫一扫，然后再以轻柔手洗的方式清洗。

百叶窗　百叶窗因为其构造材质与普通窗帘有些

不同，可以直接清洗。在窗帘上喷洒适量的清水，用抹布擦干就可以了。如果百叶窗帘的拉绳比较脏，可以用蘸有清洗剂的湿抹布清洗。

卷帘　卷帘一般较难拆卸，为了避免拆装的麻烦，可以直接在卷帘上蘸清洁剂清洗。清洗时应特别注意卷帘四周比较容易吸附灰尘的位置，若灰尘实在太多，可用软刷将灰尘去除，再用清水擦拭清洗。

常保养瓷砖让家靓丽如新

即便挑选的是质量过硬的品牌瓷砖，日常的保养及清洁仍需注意。在此为大家提供一些清洁保养小窍门，让家里时刻保持靓丽如新。

肥皂水加少量的氨水，可将瓷砖擦得光泽亮丽；用带少许亚麻子油的碎布，可擦去瓷砖上的泥水；取等量的亚麻子油与松节油调匀后，即可以擦拭瓷砖上的污迹，又能使瓷砖保持良好的光洁度。

当抛光砖表面上出现轻微的划痕，可将牙膏涂于划痕周围，用干布用力反复擦拭，然后用布将腊油擦上，可以有效地清除划痕。

如果选用的是抛光砖或者其他表面光洁平整的砖，在条件允许的情况下，建议每隔两三个月用专用地板蜡进行打蜡维护，保持靓丽如新。

巧除衣服汗渍

夏天，汗衫、背心穿得时间久了，常常会被汗液污染，以致发黄变旧，用肥皂不易洗净。

其实，在一盆水里兑入一定的盐，配制成冷盐水，把汗衫、背心放入盐水中浸泡 3~4 个小时，然后捞出，汗渍就可以有效清除了。

汗液是含蛋白质的污迹，遇热会凝固在纤维上，因而难以除去，而在冷盐水中则会溶解，便于清洗，不妨一试。

春暖防螨除螨

随着气温升高，湿度增加，空气中小飞虫已开始出动，居室内螨虫也开始"兴风作浪"，在棉质家纺用品中活动频繁。下面几招可有效防螨除螨：

　　经常清扫，保持清洁　房间经常通风，可以有效防止螨虫生长。一般来说，60% 以下的空气湿度可使螨虫和细菌难以生存。如果可以去除卧室中的厚地毯那就更有效了。由于螨虫在卧室里的主要藏身之处是床垫，因此，时刻保持床垫的清洁很重要。

　　杜绝扬尘，防止过敏　尽可能减少室内扬尘现象，让感染了螨虫及其他细菌的灰尘无法飘散到空气中。减少不同温度房屋之间的通风，从而改善扬尘现象。清除窗口处、室内高温处以及换气设施周围的灰尘，注意在较易扬起灰尘的地方消除隐患。

　　勤洗晒被褥、衣物　卧室是尘螨分布最多的地方之一。新买或久贮衣物要清洗、翻晒。每周用超过 55℃ 的热水洗一次毛毯、床垫套，可杀死螨虫和去掉绝大多数螨过敏原。枕头、棉被等需置于阳光下暴晒。

春季室内杀菌四要点

　　进入春季，伴随气温的不断上升，各种细菌、病毒开始活跃起来。许多主妇都以为家庭用品最好能经常消毒杀菌，事实上，杀菌并不等于消毒。专家指出，消毒剂也有消毒水平等级之分，并非任何消毒剂均能杀灭所有致病微生物，若长期使用低剂量消毒剂，可导致病原微生物对其产生抗药性。

在日常生活中，我们也没必要杀灭所有的致病微生物。在家里，保持室内经常开门通风换气，经常晾晒衣服、被褥等，都可以有效减少细菌的污染。

家具环境　如地面、桌子、柜子表面、门把手、电话听筒等物体表面，可以用加了清洁剂、洗涤剂的清水擦洗，也可用 500 毫克/升有效氯的含氯消毒溶液进行抹洗消毒。

通风换气　通风既可以净化室内空气，又能减少室内空气微生物的含量。在呼吸道传染病流行期间，室内通风非常重要，通过空气流动，能稀释局部病毒、细菌，减少感染病毒、细菌的机会。

日光消毒　阳光是最好的杀毒剂。日光含有紫外线和红外线，衣服、被褥在阳光下照射 3~6 小时能达到消毒的目的。

餐具消毒　在家中没有传染病人的情况下，清洗碗碟只要用洗洁精即可，但要注意用流动水冲干净残留在餐具表面的洗涤剂。家中有消毒碗柜的，可将清洗干净的餐具放在消毒柜中消毒。

地毯保养有妙招

图案精美、色彩华丽的地毯，能够给家庭创造优雅温馨的艺术氛围。然而，如何保养地毯却是一个难题。掌握以下几个妙招，一切就变得简单易行了：

去除污渍法　地毯上有了油渍，可以用棉花蘸上汽油擦拭。对于果汁和酒迹，可先用软布蘸洗衣粉溶液擦洗，再用温水加少许食醋溶液清洗。遇有咖啡渍，可用甘油水溶液轻轻刷洗。若有污染面积较大的酱油渍，可在清水中加一大勺厨房用的中性洗涤剂，用毛巾蘸了拧干敲打有污渍处，直到污渍消失，最后用水擦干净。

压痕消除法　地毯在家具的重压下容易形成凹痕，这时可将浸过热水的毛巾拧干，敷在凹痕处 5~10 分钟，再用电吹风和毛刷一边吹一边刷，即可恢复原状。

地毯复色法　地毯用了一段时间，颜色会不再鲜艳。这时，可在夜晚把食盐撒在地毯上，第二天一早用干净的湿抹布把盐抹去，地毯颜色就像新的那样鲜艳了。

碎玻璃去除法　如有打碎的玻璃掉在地毯上，可用胶带将其粘起。如果碎玻璃是呈粉末状的，可以用棉花蘸水粘起，或者撒上饭粒将其粘住后扫起，再用吸尘器清除。

口香糖残渣清除法　先用塑料袋装上冰块压覆在口香糖残渣上方，使口香糖凝固变硬后，用刷子彻底刷净即可。千万不要使用化学稀释药剂，因为这样反而会使地毯受到损伤。

巧除下水道异味

如果下水道里没有异物，却返异味，可以利用水的密封原理，用薄塑料袋装上清水，封紧袋口，放在下水道的口上盖严，能起到封闭气味的作用。

此外，削一些山药皮，将它们放入水中煮大约10分钟，锅里的清水会渐渐变成茶色。将煮好的水喷洒在下水道口，就能很快消除异味。下水道返味主要是由于废物残渣发酵而导致的。山药皮煮后，其中含有的苯醌成分就会溶解在水里，与发酵后产生的臭味直接接触，使其消失。

最好同时保持下水道口的碗状存水结构中存有清

水，这样更能有效阻止异味冒出。也可以把下水道的软管加长，中间用细钢丝提起3~4厘米。这样的话，它自己就会形成一种回旋，可以减少部分异味。

检查下水道是否畅通，有无异物影响排水。如果有堵塞，可以往下水道里倒适量的碱，这对去除下水道里的油污和铁锈比较有效。

室内空气污染的五个隐蔽来源

热气腾腾的淋浴　盆浴或淋浴时，10分钟内你所吸收的氯相当于喝大约4升相同的水的100倍。如果没有过滤和通风装置，有毒的氯会由空气传播，以气体的形式遍布整个房间。简单的解决方法是对淋浴用水安装过滤器。

家具　挥发性有机化合物会从常用家具和橱柜的胶合板、刨花板、复合木制品中的胶水和黏合剂中偷偷渗漏出来。对此，专家建议把现有的压木材料用安全性更高的黏合剂密封起来，以防止有毒化合物排入空气。此外，还可以购买实木家具或不含铅的二手家具。

塑料装饰物　塑料装饰物中的树脂所使用的工业

溶剂二氯化乙烯是一种致癌物。所以，可选择用玻璃、织物和其他天然材料制成的装饰物，尽量远离塑料装饰物。

洗衣间　洗衣产品含有人造香料，其成分会使洗衣间和烘干机的排气污染堪比汽车尾气。烘干机通风口的排放物一直未受到管制和监测。建议消费者选择无香味的、含有植物成分的洗衣液，别用烘干机烘干床单和柔软的织物。

过于干净的房间　把一些常用的家用清洁剂混合起来（如氨水和漂白粉），会在室内形成危险的、对肺有害的臭氧。即使你在清扫房间时并不是有意做这些"科学实验"，商店中售卖的清洗剂也会混杂了各种各样有害的化学物质。所以，别再使用昂贵的、有毒的清洗剂，可以自制绿色清洗剂。它的基本成分包括过氧化氢、白醋和小苏打。